Matrici, determinanti e sistemi lineari

Si dice matrice $m \times n$ un insieme ordinato di $m \cdot n$ numeri disposti in m righe (orizzontali) ed in n colonne (verticali) del tipo:

$$A = \begin{bmatrix} a_{11} & a_{12} & a_{13} \ldots & a_{1n} \\ a_{21} & a_{22} & a_{23} \ldots & a_{2n} \\ \vdots & & & \\ a_{m1} & a_{m2} & a_{m3} \ldots & a_{mn} \end{bmatrix}$$

in cui gli $a_{ij} \in \mathbb{R}$; più precisamente si dice che A è una matrice su $\mathbb{R}$.

Le m-uple orizzontali $(a_{11}, a_{12}, a_{13}, \ldots, a_{1n})$; $(a_{21}, a_{22}, a_{23}, \ldots, a_{2n})$; $\ldots$; $(a_{m1}, a_{m2}, \ldots, a_{mn})$ sono le righe della matrice A.

Le n m-ple verticali $\begin{pmatrix} a_{11} \\ a_{21} \\ \vdots \\ a_{m1} \end{pmatrix}$; $\begin{pmatrix} a_{12} \\ a_{22} \\ \vdots \\ a_{m2} \end{pmatrix}$; $\begin{pmatrix} a_{13} \\ a_{23} \\ \vdots \\ a_{m3} \end{pmatrix}$; $\ldots$; $\begin{pmatrix} a_{1n} \\ a_{2n} \\ \vdots \\ a_{mn} \end{pmatrix}$ sono le colonne della matrice A.

L'elemento a_{ij} è la componente ij che appare nella riga i-esima, e nella colonna j-esima. La coppia (m, n) è la forma o dimensione della matrice A.

Chiameremo rettangolare una matrice in cui $m \neq n$ e quadrata una matrice in cui si abbia invece $m = n$. In quest'ultimo caso il numero $m = n$ prende il nome di ordine della matrice. Sempre nell'ambito delle matrici quadrate ha importanza considerare la cosidetta "diagonale principale" formata dall'insieme degli elementi ad indici uguali: $a_{11}, a_{22}, a_{33}, \ldots, a_{nn}$ (elementi principali) e la "diagonale secondaria" formata dagli elementi: $a_{1n}, a_{2n-1}, \ldots, a_{n1}$.

Es. $m = 4$

$$A = \begin{bmatrix} a_{11} & a_{12} & a_{13} & a_{14} \\ a_{21} & a_{22} & a_{23} & a_{24} \\ a_{31} & a_{32} & a_{33} & a_{34} \\ a_{41} & a_{42} & a_{43} & a_{44} \end{bmatrix}$$

"diagonale secondaria"

"diagonale principale"

Esempio Sia A la matrice 2×3 : $A = \begin{bmatrix} 1 & -3 & 4 \\ 0 & \frac{5}{2} & -2 \end{bmatrix}$

Le sue righe sono $(1,-3,4)$, $(0, \frac{5}{2}, -2)$ e le sue colonne sono $\begin{pmatrix} 1 \\ 0 \end{pmatrix}, \begin{pmatrix} -3 \\ \frac{5}{2} \end{pmatrix}, \begin{pmatrix} 4 \\ -2 \end{pmatrix}$.

N.B. Le matrici sono abitualmente indicate con le lettere $A, B, C, \dots$

Definizione Due matrici A e B sono <u>uguali</u> e si scrive $A = B$ se: 1) hanno la stessa

forma 2) gli elementi corrispondenti sono uguali: $a_{ij} = b_{ij}$, $\forall i,j$.

Esempio Sia $A = \begin{bmatrix} x+y & 2z+w \\ x-y & z-w \end{bmatrix}$ e sia $B = \begin{bmatrix} 3 & 5 \\ 1 & 4 \end{bmatrix}$ due matrici quadrate di ordine 2

Determinare $x,y,z,w \in \mathbb{R}$ tali che $A = B$; questo equivale a scrivere e risolvere il

sistema $\begin{cases} x+y = 3 \\ x-y = 1 \\ 2z+w = 5 \\ z-w = 4 \end{cases} \rightarrow \begin{cases} x = 3-y \\ 3-y-y = 1 \\ w = 5-2z \\ z-5+2z = 4 \end{cases} \longrightarrow \begin{cases} x = 3-y \\ y = 1 \\ w = 5-2z \\ z = 3 \end{cases} \longrightarrow \begin{cases} x = 2 \\ y = 1 \\ z = 3 \\ w = -1 \end{cases}$.

Osservazione Può accadere di riferirsi ad una matrice a una riga $1 \times n$ come ad

un "vettore riga" e ad una colonna $m \times 1$ come ad un "vettore colonna".

SOMMA DI MATRICI

Siano A e B due matrici della stessa dimensione, cioè con lo stesso numero di

righe e di colonne, $m \times n$:

$$A = \begin{bmatrix} a_{11} & a_{12} & a_{13} & \dots & a_{1m} \\ a_{21} & a_{22} & a_{23} & \dots & a_{2m} \\ \vdots & & & & \\ a_{m1} & a_{m2} & a_{m3} & \dots & a_{mn} \end{bmatrix} , \quad B = \begin{bmatrix} b_{11} & b_{12} & b_{13} & \dots & b_{1n} \\ b_{21} & b_{22} & b_{23} & \dots & b_{2n} \\ \vdots & & & & \\ b_{m1} & b_{m2} & b_{m3} & \dots & b_{mn} \end{bmatrix}$$

La somma di A e B, scritta $A+B$, è la matrice che si ottiene sommando gli

elementi corrispondenti $A+B = \begin{bmatrix} a_{11}+b_{11} & a_{12}+b_{12} & a_{13}+b_{13} & \dots & a_{1n}+b_{1n} \\ a_{21}+b_{21} & a_{22}+b_{22} & a_{23}+b_{23} & \dots & a_{2m}+b_{2m} \\ \vdots & & & & \\ a_{m1}+b_{m1} & a_{m2}+b_{m2} & a_{m3}+b_{m3} & & a_{mn}+b_{mn} \end{bmatrix}$

MOLTIPLICAZIONE DI UNA MATRICE PER UN NUMERO REALE

Il prodotto di un numero reale $K \in \mathbb{R}$ per una matrice A, scritto $K \cdot A$, è la matrice

ottenuta moltiplicando ogni elemento di A per K:

$$K \cdot A = \begin{bmatrix} Ka_{11} & Ka_{12} & Ka_{13} & \dots & Ka_{1m} \\ Ka_{21} & Ka_{22} & Ka_{23} & \dots & Ka_{2m} \\ \vdots & & & & \\ Ka_{m1} & Ka_{m2} & Ka_{m3} & \dots & Ka_{mn} \end{bmatrix}$$

Si può osservare che $A+B$ e $K \cdot A$ sono ancora delle matrici $m \times n$.

La somma di matrici con diverse dimensioni non è definita.

__Esempio__ Sia $A = \begin{bmatrix} 1 & -2 & 3 \\ 4 & 5 & -6 \end{bmatrix}$ e $B = \begin{bmatrix} 3 & 0 & 2 \\ -7 & 1 & 8 \end{bmatrix}$. Calcolare (i) $A+B$ (ii) $3A$

(iii) $2A-3B$

__Svolgimento__ (i) $A+B = \begin{bmatrix} 1 & -2 & 3 \\ 4 & 5 & -6 \end{bmatrix} + \begin{bmatrix} 3 & 0 & 2 \\ -7 & 1 & 8 \end{bmatrix} = \begin{bmatrix} 1+3 & -2+0 & 3+2 \\ 4+(-7) & 5+1 & -6+8 \end{bmatrix} = \begin{bmatrix} 4 & -2 & 5 \\ -3 & 6 & 2 \end{bmatrix}$

(ii) $3A = 3 \cdot \begin{bmatrix} 1 & -2 & 3 \\ 4 & 5 & -6 \end{bmatrix} = \begin{bmatrix} 3 & -6 & 9 \\ 12 & 15 & -18 \end{bmatrix}$

(iii) $2A-3B = 2 \cdot \begin{bmatrix} 1 & -2 & 3 \\ 4 & 5 & -6 \end{bmatrix} - 3 \cdot \begin{bmatrix} 3 & 0 & 2 \\ -7 & 1 & 8 \end{bmatrix} = \begin{bmatrix} 2 & -4 & 6 \\ 8 & 10 & -12 \end{bmatrix} + \begin{bmatrix} -9 & 0 & -6 \\ +21 & -3 & -24 \end{bmatrix} = \begin{bmatrix} -7 & -4 & 0 \\ 29 & 7 & -36 \end{bmatrix}$

__Definizione__ La matrice $m \times n$ i cui elementi sono tutti zero è detta "Matrice Zero" e si indica con O e si scrive $O = \begin{bmatrix} 0 & 0 \cdots & 0 \\ 0 & 0 \cdots & 0 \\ 0 & 0 \cdots & 0 \end{bmatrix}$

Per ogni matrice A, $m \times n$ valgono le seguenti uguaglianze $A+O = O+A = A$.

__Proprietà fondamentali delle matrici__ per le operazioni di somma di matrici e di moltiplicazione per uno scalare (reale):

__TEOREMA__ Sia V l'insieme di tutte le matrici $m \times n$ su $\mathbb{R}$. Allora per tutte le matrici $A, B, C \in V$ e per tutti gli scalari reali K_1, K_2, K_3 risultano:

(i) $(A+B)+C = A+(B+C)$

(v) $K_1 \cdot (A+B) = K_1 A + K_1 B$

(ii) $A+O = A$

(vi) $(K_1+K_2) \cdot A = K_1 A + K_2 A$

(iii) $A+(-A) = O$

(vii) $(K_1 K_2) A = K_1 (K_2 A)$

(iv) $A+B = B+A$

(viii) $1 \cdot A = A$ e $0 \cdot A = O$

Segue allora: $A+A = 2A$; $A+A+A = 3A$; ....

__Caso particolare__

Siano $u = (a_1, a_2, \ldots, a_n)$ e $v = (b_1, b_2, \ldots, b_n)$ due vettori riga $1 \times n$

Allora $u+v = (a_1+b_1, a_2+b_2, \ldots, a_n+b_n)$ e $Ku = (Ka_1, Ka_2, \ldots, Ka_n)$.

__PRODOTTO DI MATRICI__

Iniziamo a definire il prodotto tra un vettore riga A e un vettore colonna B

$$A \cdot B = (a_1, a_2, \ldots, a_n) \cdot \begin{pmatrix} b_1 \\ b_2 \\ \vdots \\ b_m \end{pmatrix} = a_1 b_1 + a_2 \cdot b_2 + a_3 \cdot b_3 + \ldots + a_n b_m$$

Questo prodotto è possibile se e soltanto se il numero delle colonne di A è uguale al numero delle righe di B.

Siano ora A e B due matrici tali che il numero delle colonne di A sia uguale al numero delle righe di B. Sia A una matrice $m \times p$ e sia B una matrice $p \times n$. Allora il prodotto $A \cdot B$ è la matrice $m \times n$ il cui elemento ij-esimo è ottenuto moltiplicando la riga i-esima di A per la colonna j-esima di B:

$$\begin{pmatrix} a_{11} & a_{12} & \dots & a_{1p} \\ a_{21} & a_{22} & \dots & a_{2p} \\ \vdots & & & \\ a_{m1} & a_{m2} & \dots & a_{mp} \end{pmatrix} \cdot \begin{pmatrix} b_{11} & b_{12} & \dots & b_{1n} \\ b_{21} & b_{22} & \dots & b_{2n} \\ \vdots & & & \\ b_{p1} & b_{p2} & \dots & b_{pm} \end{pmatrix} = \begin{pmatrix} \alpha_{11} & \alpha_{12} & \dots & \alpha_{1n} \\ \alpha_{21} & \alpha_{22} & \dots & \alpha_{2n} \\ \vdots & & & \\ \alpha_{m1} & \alpha_{m2} & \dots & \alpha_{mn} \end{pmatrix}$$

dove
$$\alpha_{11} = \underbrace{A_1}_{\substack{1^a \text{ riga} \\ \text{di } A}} \cdot \underbrace{B^1}_{\substack{1^a \text{ colonna} \\ \text{di } B}} = (a_{11} \; a_{12} \dots a_{1p}) \cdot \begin{pmatrix} b_{11} \\ b_{21} \\ \vdots \\ b_{p1} \end{pmatrix} = a_{11} b_{11} + a_{12} b_{21} + \dots + a_{1p} b_{p1}$$

$$\vdots$$

$$\alpha_{ij} = \underbrace{A_i}_{\substack{\text{riga} \\ i\text{-esima} \\ \text{di } A}} \cdot \underbrace{B^j}_{\substack{\text{colonna} \\ j\text{-esima} \\ \text{di } B}} = (a_{i1} \; a_{i2} \dots a_{ip}) \cdot \begin{pmatrix} b_{1j} \\ b_{2j} \\ \vdots \\ b_{pj} \end{pmatrix} = a_{i1} b_{1j} + a_{i2} b_{2j} + \dots + a_{ip} \cdot b_{pj}$$

con $1 \le i \le m$ e $1 \le j \le n$

<u>Esempio</u> $A = \begin{pmatrix} 2 & -1 & 0 \\ 3 & 0 & -2 \end{pmatrix}$ $B = \begin{pmatrix} 4 & 2 & 0 \\ 0 & -1 & 1 \\ 1 & 0 & 1 \end{pmatrix}$ A è del tipo 2×3 $\longrightarrow$ $A \cdot B$ è
B è del tipo 3×3 del tipo 2×3

$$\begin{pmatrix} 2 & -1 & 0 \\ 3 & 0 & -2 \end{pmatrix} \cdot \begin{pmatrix} 4 & 2 & 0 \\ 0 & -1 & 1 \\ 1 & 0 & 1 \end{pmatrix} = \begin{pmatrix} \alpha_{11} & \alpha_{12} & \alpha_{13} \\ \alpha_{21} & \alpha_{22} & \alpha_{23} \end{pmatrix}$$

$\alpha_{11} = (2, -1, 0) \cdot \begin{pmatrix} 4 \\ 0 \\ 1 \end{pmatrix} = 8 + 0 + 0 = 8$ $\alpha_{12} = (2 \; -1 \; 0) \begin{pmatrix} 2 \\ -1 \\ 0 \end{pmatrix} = 4 + 1 + 0 = 5$

$\alpha_{13} = (2 \; -1 \; 0) \begin{pmatrix} 0 \\ 1 \\ 1 \end{pmatrix} = -1$ $\alpha_{21} = (3 \; 0 \; -2) \begin{pmatrix} 4 \\ 0 \\ 1 \end{pmatrix} = 12 - 2 = 10$ $\alpha_{22} = (3 \; 0 \; -2) \begin{pmatrix} 2 \\ -1 \\ 0 \end{pmatrix} = 6$

$\alpha_{23} = (3 \; 0 \; -2) \begin{pmatrix} 0 \\ 1 \\ 1 \end{pmatrix} = -2$

Segue che $\begin{pmatrix} \alpha_{11} & \alpha_{12} & \alpha_{13} \\ \alpha_{21} & \alpha_{22} & \alpha_{23} \end{pmatrix} = \begin{pmatrix} 8 & 5 & -1 \\ 10 & 6 & -2 \end{pmatrix}$

Esempio Sia $A = \begin{pmatrix} 1 & 2 \\ 3 & 4 \end{pmatrix}$ e sia $B = \begin{pmatrix} 1 & 1 \\ 0 & 2 \end{pmatrix}$; calcolare $A \cdot B$ e $B \cdot A$:

$$A \cdot B = \begin{pmatrix} 1 & 2 \\ 3 & 4 \end{pmatrix} \cdot \begin{pmatrix} 1 & 1 \\ 0 & 2 \end{pmatrix} = \begin{pmatrix} 1 & 5 \\ 3 & 11 \end{pmatrix}$$

$$B \cdot A = \begin{pmatrix} 1 & 1 \\ 0 & 2 \end{pmatrix} \cdot \begin{pmatrix} 1 & 2 \\ 3 & 4 \end{pmatrix} = \begin{pmatrix} 4 & 6 \\ 6 & 8 \end{pmatrix}$$

Si può osservare che $A \cdot B \neq B \cdot A$, quindi in generale si può affermare che il prodotto tra matrici _non è commutativo_.

TEOREMA Il prodotto tra matrici soddisfa alle seguenti proprietà:

(i) $(A \cdot B) \cdot C = A \cdot (B \cdot C)$ (proprietà associativa)

(ii) $A \cdot (B + C) = A \cdot B + A \cdot C$ (proprietà distributiva del prodotto rispetto alla somma)

(iii) $(B + C) \cdot A = B \cdot A + C \cdot A$ (proprietà distributiva della somma rispetto al prodotto)

(iv) $K \cdot (A \cdot B) = (K \cdot A) \cdot B = A \cdot (K \cdot B)$ con $K \in \mathbb{R}$.

OSSERVAZIONE

Sia O la matrice zero : $O \cdot A = O$ e $B \cdot O = O$

LA TRASPOSTA

La trasposta di una matrice A si scrive A^t ed è la matrice che si ottiene dalla matrice A scambiando le righe con le colonne ;

se A è la matrice $m \times n$, allora A^t è una matrice $n \times m$

Sia $A = \begin{pmatrix} 1 & 2 & 3 \\ 7 & -2 & 9 \end{pmatrix}$, allora $A^t = \begin{pmatrix} 1 & 7 \\ 2 & -2 \\ 3 & 9 \end{pmatrix}$

TEOREMA

(i) $(A + B)^t = A^t + B^t$

(ii) $(A^t)^t = A$

(iii) $(K \cdot A)^t = K \cdot A^t$, per $K \in \mathbb{R}$ con $K \neq 0$

(iv) $(A \cdot B)^t = B^t \cdot A^t$.

1) Calcolare se possibile
$$\begin{pmatrix} 1 & 2 & -3 & 4 \\ 0 & -5 & 1 & -1 \end{pmatrix} + \begin{pmatrix} 3 & -5 & 6 & -1 \\ 2 & 0 & -2 & -3 \end{pmatrix} =$$

$$\begin{pmatrix} 1 & 2 & -3 \\ 0 & -4 & 1 \end{pmatrix} + \begin{pmatrix} 3 & 5 \\ 1 & -2 \end{pmatrix} =$$

$$-3 \cdot \begin{pmatrix} 1 & 2 & -3 \\ 4 & -5 & 6 \end{pmatrix} =$$

2) Siano $A = \begin{pmatrix} 2 & -5 & 1 \\ 3 & 0 & -4 \end{pmatrix}$ $B = \begin{pmatrix} 1 & -2 & -3 \\ 0 & -1 & 5 \end{pmatrix}$ $C = \begin{pmatrix} 0 & 1 & -2 \\ 1 & -1 & -1 \end{pmatrix}$

Trovare $3A + 4B - 2C$

3) Determinare $x, y, z, w \in \mathbb{R}$ tali che: $3 \cdot \begin{pmatrix} x & y \\ z & w \end{pmatrix} = \begin{pmatrix} x & 6 \\ -1 & zw \end{pmatrix} + \begin{pmatrix} 4 & x+y \\ z+w & 3 \end{pmatrix}$

4) Siano $A = \begin{pmatrix} 1 & 3 \\ 2 & -1 \end{pmatrix}$ e $B = \begin{pmatrix} 2 & 0 & -4 \\ 3 & -2 & 6 \end{pmatrix}$

Trovare, se possibile, $A \cdot B$ e $B \cdot A$

5) Siano $A = (2, 1)$ e $B = \begin{pmatrix} 1 & -2 & 0 \\ 4 & 5 & -3 \end{pmatrix}$

Determinare, se possibile, $A \cdot B$ e $B \cdot A$

6) Siano $A = \begin{pmatrix} 2 & -1 \\ 1 & 0 \\ -3 & 4 \end{pmatrix}$ e $B = \begin{pmatrix} 1 & -2 & -5 \\ 3 & 4 & 0 \end{pmatrix}$; calcolare, se possibile, $A \cdot B$ e $B \cdot A$

7) Siano $A = \begin{pmatrix} 2 & -1 & 0 \\ 1 & 0 & -3 \end{pmatrix}$ e $B = \begin{pmatrix} 1 & -4 & 0 & 1 \\ 2 & -1 & 3 & -1 \\ 4 & 0 & -2 & 0 \end{pmatrix}$

(i) Determinare la forma di $A \cdot B$

(ii) Indicando con c_{ij} l'elemento della i-esima riga e della j-esima colonna della matrice prodotto $A \cdot B$, trovare c_{23}, c_{14}, c_{21}.

8) Calcolare, se definiti, i seguenti prodotti:

(i) $\begin{pmatrix} 1 & 6 \\ -3 & 5 \end{pmatrix} \cdot \begin{pmatrix} 4 & 0 \\ 2 & 1 \end{pmatrix}$
(ii) $\begin{pmatrix} 1 \\ -6 \end{pmatrix} \cdot \begin{pmatrix} 1 & 6 \\ -3 & 5 \end{pmatrix}$
(iii) $\begin{pmatrix} 1 & 6 \\ -3 & 5 \end{pmatrix} \cdot \begin{pmatrix} 2 \\ -7 \end{pmatrix}$
(iv) $(2, -1) \begin{pmatrix} 1 \\ -6 \end{pmatrix}$

(v) $\begin{pmatrix} 1 \\ 6 \end{pmatrix} \cdot (3, 2)$

9) Trovare la trasposta A^t della matrice $A = \begin{bmatrix} 1 & 0 & 1 & 0 \\ 2 & 3 & 4 & 5 \\ 4 & 4 & 4 & 4 \end{bmatrix}$

10) Sia A una matrice arbitraria, sotto quali condizioni è definito il prodotto $A \cdot A^t$?

11) Sia $A = \begin{bmatrix} 1 & 2 & 0 \\ 3 & -1 & 4 \end{bmatrix}$; trovare (i) $A \cdot A^t$ (ii) $A^t \cdot A$

12) Sia A una matrice quadrata di ordine n, verificare che risulta
$A^2 = -A$ se e solo se $(I+A)^2 = I+A$ con I la matrice identità :
$$I = \begin{bmatrix} 1 & 0 \cdots & 0 \\ 0 & 1 \cdots & 0 \\ \vdots & & \\ 0 & \cdots & 1 \end{bmatrix}$$

13) Date le matrici $A = \begin{bmatrix} 1 & 3 & 2 \end{bmatrix}$ e $B = \begin{bmatrix} 0 \\ 1 \\ -3 \end{bmatrix}$, determinare, se possibile, $A \cdot B$ e $B \cdot A$.

14) Verificare che, per qualunque valore del parametro $K \in \mathbb{R}$, la matrice $A = \begin{bmatrix} 2 & 0 \\ 4 & 3 \end{bmatrix}$ soddisfa la diseguaglianza: $A^2 + KA + I \neq O$, essendo $I = \begin{bmatrix} 1 & 0 \\ 0 & 1 \end{bmatrix}$ e $O = \begin{bmatrix} 0 & 0 \\ 0 & 0 \end{bmatrix}$.

15) Si considerino le matrici $A = \begin{bmatrix} h & h-1 \\ K & K-1 \end{bmatrix}$ e $B = \begin{bmatrix} h-1 & h-1 \\ K & K-2 \end{bmatrix}$, determinare i valori di h, K in modo che sia verificata l'uguaglianza $A \cdot B = O$.

16) Si consideri la matrice $A = \begin{bmatrix} a & b \\ c & 1-a \end{bmatrix}$, con $a, b, c \in \mathbb{R}$. Determinare i parametri a, b, c in modo che sussista la relazione $A^2 = A$

17) Siano date le matrici $A = \begin{bmatrix} 0 & K & 1 \\ K & -2 & 0 \end{bmatrix}$ e $B = \begin{bmatrix} K & -1 & 0 \\ K & 0 & 2 \end{bmatrix}$, verificare che non esistono valori di K per i quali $B \cdot A^t = I$.

18) Determinare tutte le possibili matrici $X = \begin{bmatrix} x & y \\ z & w \end{bmatrix}$ tali che $A \cdot X = X \cdot A$, essendo $A = \begin{bmatrix} -1 & 1 \\ -1 & 2 \end{bmatrix}$

19) Determinare due matrici non nulle A e B di ordine 2 tali che: $BA = 2 \cdot AB$ essendo $A = \begin{bmatrix} 0 & x \\ 0 & y \end{bmatrix}$ e $B = \begin{bmatrix} a & 1 \\ 0 & 0 \end{bmatrix}$

20) Si dimostri, per induzione su $n \in \mathbb{N}$, che $A^n = \begin{bmatrix} 1 & 0 \\ 2n & 1 \end{bmatrix}$, $n \in \mathbb{N}$, essendo $A = \begin{bmatrix} 1 & 0 \\ 2 & 1 \end{bmatrix}$

21) Sia $X = \begin{bmatrix} x & y \\ z & w \end{bmatrix}$ e siano $A = \begin{bmatrix} 1 & 0 \\ 3 & 2 \end{bmatrix}$ e $B = \begin{bmatrix} 1 & 0 \\ 0 & 3 \end{bmatrix}$, determinare $x, y, z, w \in \mathbb{R}$ in modo che $A \cdot X = B$

MATRICE A GRADINI

Definizione: Una matrice $A = (a_{ij})$ viene detta "_a gradini_" se il numero degli zeri che precede il primo elemento non nullo di una riga va aumentando di riga in riga, finché restano solo delle righe di zeri.

In particolare è possibile dare la seguente definizione:

Definizione: Una matrice a gradini viene detta "_ridotta per righe_" se gli elementi distinti sono:

(i) gli unici elementi non nulli nelle rispettive colonne

(ii) ciascuno uguale a 1.

Esempi

$$A = \begin{bmatrix} ② & 3 & 2 & 0 & 4 & 5 & -6 \\ 0 & 0 & ⑦ & 1 & -3 & 2 & 0 \\ 0 & 0 & 0 & 0 & 0 & ⑥ & 2 \\ 0 & 0 & 0 & 0 & 0 & 0 & 0 \end{bmatrix}$$ matrice a gradini non ridotta per righe

$$B = \begin{bmatrix} ① & 2 & 3 \\ 0 & 0 & ④ \\ 0 & 0 & 0 \\ 0 & 0 & 0 \end{bmatrix}$$ matrice a gradini non ridotta per righe.

$$C = \begin{bmatrix} 0 & ① & 3 & 0 & 0 & 4 & 0 \\ 0 & 0 & 0 & ① & 0 & -3 & 0 \\ 0 & 0 & 0 & 0 & ① & 2 & 0 \end{bmatrix}$$ matrice a gradini ridotta per righe

Equivalenza per righe ed operazioni elementari di riga

Definizione Una matrice A si dice equivalente per righe ad una matrice B se B può essere ottenuta da A attraverso una sequenza finita delle seguenti operazioni, dette _operazioni elementari di riga_:

[O1]: Scambio della riga i-esima con la riga j-esima: $R_i \leftrightarrow R_j$

[O2]: Moltiplicazione della riga i-esima per un numero $K \neq 0$
$$R_i \longrightarrow K \cdot R_i, \quad \text{con } K \neq 0$$

[O3]: Sostituzione della riga i-esima con la somma algebrica della stessa riga i-esima con la riga j-esima moltiplicata per $K \neq 0$
$$R_i \longrightarrow R_i + K \cdot R_j.$$

Queste operazioni vengono reiterate finché la matrice non viene ridotta a gradini.

<u>Esempio</u>.

$$A = \begin{bmatrix} 1 & 2 & -3 & 0 \\ 2 & 4 & -2 & 2 \\ 3 & 6 & -4 & 3 \end{bmatrix} \xrightarrow{R_2 \to R_2 - 2R_1} \begin{bmatrix} 1 & 2 & -3 & 0 \\ 0 & 0 & 4 & 2 \\ 0 & 0 & 5 & 3 \end{bmatrix} \xrightarrow[R_3 \to 4R_3]{R_2 \to -5R_2} \begin{bmatrix} 1 & 2 & -3 & 0 \\ 0 & 0 & -20 & -10 \\ 0 & 0 & 20 & 12 \end{bmatrix}$$

$$\xrightarrow{R_3 \to R_3 + R_2} \begin{bmatrix} 1 & 2 & -3 & 0 \\ 0 & 0 & -20 & -10 \\ 0 & 0 & 0 & 2 \end{bmatrix} \xrightarrow[R_3 \to \frac{1}{2}R_3]{R_2 \to -\frac{1}{10}R_2} \begin{bmatrix} 1 & 2 & -3 & 0 \\ 0 & 0 & 2 & 1 \\ 0 & 0 & 0 & 1 \end{bmatrix}$$

La matrice A è equivalente alla matrice a gradini $\begin{bmatrix} 1 & 2 & -3 & 0 \\ 0 & 0 & 2 & 1 \\ 0 & 0 & 0 & 1 \end{bmatrix}$

È possibile operare ancora su questa matrice a gradini per renderla "ridotta per righe":

$$\begin{bmatrix} 1 & 2 & -3 & 0 \\ 0 & 0 & 2 & 1 \\ 0 & 0 & 0 & 1 \end{bmatrix} \xrightarrow{R_2 \to R_2 - R_3} \begin{bmatrix} 1 & 2 & -3 & 0 \\ 0 & 0 & 2 & 0 \\ 0 & 0 & 0 & 1 \end{bmatrix} \xrightarrow[R_2 \to 3R_2]{R_1 \to 2R_1} \begin{bmatrix} 2 & 4 & -6 & 0 \\ 0 & 0 & 6 & 0 \\ 0 & 0 & 0 & 1 \end{bmatrix}$$

$$\xrightarrow{R_1 \to R_1 + R_2} \begin{bmatrix} 2 & 4 & 0 & 0 \\ 0 & 0 & 6 & 0 \\ 0 & 0 & 0 & 1 \end{bmatrix} \xrightarrow[R_2 \to \frac{1}{6}R_2]{R_1 \to \frac{1}{2}R_1} \begin{bmatrix} \boxed{1} & 2 & 0 & 0 \\ 0 & 0 & \boxed{1} & 0 \\ 0 & 0 & 0 & \boxed{1} \end{bmatrix}$$

La matrice $A = \begin{bmatrix} 1 & 2 & -3 & 0 \\ 2 & 4 & -2 & 2 \\ 3 & 6 & -4 & 3 \end{bmatrix}$ è equivalente alla matrice a gradini ridotta

per righe $\begin{bmatrix} 1 & 2 & 0 & 0 \\ 0 & 0 & 1 & 0 \\ 0 & 0 & 0 & 1 \end{bmatrix}$

<u>Esempio</u>

Determinare la matrice a gradini ridotta per righe equivalente alla matrice

$$A = \begin{bmatrix} 2 & 3 & 4 & 5 & 6 \\ 0 & 0 & 3 & 2 & 5 \\ 0 & 0 & 0 & 0 & 2 \end{bmatrix}$$

<u>Svolgimento</u>:

$$A = \begin{bmatrix} 2 & 3 & 4 & 5 & 6 \\ 0 & 0 & 3 & 2 & 5 \\ 0 & 0 & 0 & 0 & 2 \end{bmatrix} \xrightarrow[R_2 \to -4R_2]{R_1 \to 3R_1} \begin{bmatrix} 6 & 9 & 12 & 15 & 18 \\ 0 & 0 & -12 & -8 & -20 \\ 0 & 0 & 0 & 0 & 2 \end{bmatrix} \xrightarrow{R_1 \to R_1 + R_2}$$

$$\begin{bmatrix} 6 & 9 & 0 & 7 & -2 \\ 0 & 0 & -12 & -8 & -20 \\ 0 & 0 & 0 & 0 & 2 \end{bmatrix} \xrightarrow{R_2 \to -\frac{1}{4}R_2} \begin{bmatrix} 6 & 9 & 0 & 7 & -2 \\ 0 & 0 & 3 & 2 & 5 \\ 0 & 0 & 0 & 0 & 2 \end{bmatrix} \xrightarrow{R_1 \to R_1 + R_3}$$

$$\begin{bmatrix} 6 & 9 & 0 & 7 & 0 \\ 0 & 0 & 3 & 2 & 5 \\ 0 & 0 & 0 & 0 & 2 \end{bmatrix} \xrightarrow[R_3 \to 5R_3]{R_2 \to 2R_2} \begin{bmatrix} 6 & 9 & 0 & 7 & 0 \\ 0 & 0 & 6 & 4 & 10 \\ 0 & 0 & 0 & 0 & -10 \end{bmatrix} \xrightarrow{R_2 \to R_2 + R_3}$$

$$\begin{bmatrix} 6 & 9 & 0 & 7 & 0 \\ 0 & 0 & 6 & 4 & 0 \\ 0 & 0 & 0 & 0 & -10 \end{bmatrix} \xrightarrow[R_3 \to -\frac{1}{10}R_3]{\substack{R_1 \to \frac{1}{6}R_1 \\ R_2 \to \frac{1}{6}R_2}} \begin{bmatrix} \boxed{1} & \frac{3}{2} & 0 & \frac{7}{6} & 0 \\ 0 & 0 & \boxed{1} & \frac{2}{3} & 0 \\ 0 & 0 & 0 & 0 & \boxed{1} \end{bmatrix}$$

Matrici Quadrate

Definizione Una matrice con lo stesso numero di righe e di colonne si
dice _matrice quadrata_. Una matrice quadrata con n righe ed n
colonne si dice _matrice quadrata di ordine n_. La diagonale
principale della matrice quadrata di ordine n : $A = (a_{ij})$ è
costituita dagli elementi $a_{11}, a_{22}, \ldots, a_{nn}$.

$$A = \begin{bmatrix} 1 & 2 & 3 \\ 4 & 5 & 6 \\ 7 & 8 & 9 \end{bmatrix}$$

diagonale principale

Definizione Una matrice quadrata di ordine n i cui elementi al di sotto della
diagonale principale sono tutti zero, è detta TRIANGOLARE SUPERIORE

$$A_1 = \begin{bmatrix} 1 & 2 & 3 \\ 0 & 5 & 6 \\ 0 & 0 & 0 \end{bmatrix}$$ Matrice triangolare superiore.

Tutti elementi nulli

Definizione Una matrice quadrata di ordine n i cui elementi al di sopra della
diagonale principale sono tutti zero, è detta TRIANGOLARE INFERIORE

$$A_2 = \begin{bmatrix} 1 & 0 & 0 \\ 4 & 5 & 0 \\ 7 & 8 & 9 \end{bmatrix}$$ Tutti elementi nulli.

Definizione Una matrice quadrata di ordine n i cui elementi non appartenenti
alla diagonale principale sono tutti nulli, viene detta
MATRICE DIAGONALE

$$A = \begin{bmatrix} 1 & 0 & 0 & 0 \\ 0 & 3 & 0 & 0 \\ 0 & 0 & 0 & 0 \\ 0 & 0 & 0 & 1 \end{bmatrix}$$ diagonale principale

In particolare una matrice diagonale i cui elementi sulla diagonale principale sono tutti uguali a 1, viene detta

<u>MATRICE IDENTITÀ</u>:

$$I_2 = \begin{bmatrix} 1 & 0 \\ 0 & 1 \end{bmatrix} \qquad \text{matrice identità di ordine 2}$$

$$I_3 = \begin{bmatrix} 1 & 0 & 0 \\ 0 & 1 & 0 \\ 0 & 0 & 1 \end{bmatrix} \qquad \text{matrice identità di ordine 3}$$

$$\vdots$$

$$I_m = \begin{bmatrix} 1 & 0 & 0 & \cdots & 0 \\ 0 & 1 & & & 0 \\ 0 & 0 & 1 & \cdots & 0 \\ \vdots & & & & \\ 0 & & \cdots & & 1 \end{bmatrix} \qquad \text{matrice identità di ordine } m$$

Per la matrice identità di ordine m vale la seguente proprietà:

$$A \cdot I_m = I_m \cdot A = A$$

essendo A una matrice quadrata di ordine m.

<u>Algebra delle Matrici Quadrate</u>

Ricordiamo che <u>non</u> ogni coppia di matrici può essere sommata o moltiplicata, tuttavia se consideriamo l'insieme di tutte le matrici quadrate di ordine m, questo inconveniente scompare.

Sia $\Omega = \{ A : A$ è una matrice quadrata su $\mathbb{R}$, di ordine $m \}$, allora:

i) $(A + B) \in \Omega$, $\forall A, B \in \Omega$

ii) $(A \cdot B) \in \Omega$, $\forall A, B \in \Omega$

iii) $A^t \in \Omega$, $\forall A \in \Omega$

iv) $(K \cdot A) \in \Omega$, $\forall A \in \Omega$ e $\forall K \in \mathbb{R}$.

Possiamo anche formare dei polinomi nella matrice A:

Sia $p(x) = a_0 + a_1 x + a_2 x^2 + \ldots + a_m x^m$ un polinomio nell'indeterminata $x \in \mathbb{R}$, a coefficienti razionali, $a_i \in \mathbb{Q}$, $i = 0, 1, \ldots, m$.

__Definiamo__ $p(A)$, con A matrice quadrata di ordine m, la matrice:

$$p(A) \underset{df}{=} a_0 I_m + a_1 A + a_2 A^2 + a_3 A^3 + \ldots + a_m A^m$$

considerando che $A^2 = A \cdot A$, $A^3 = \underset{A^2}{\underline{A \cdot A \cdot A}} = A^2 \cdot A$, $A^4 = A^3 \cdot A, \ldots$

Se data una matrice quadrata A, $p(A) = 0$ allora A viene detta "zero" o "radice" del polinomio $p(x)$.

__Esempio__

- Sia $p(x) = 2x^2 - 3x + 5$ e sia $A = \begin{bmatrix} 1 & 2 \\ 3 & -4 \end{bmatrix}$, allora

$$p(A) = 2 \cdot A^2 - 3 \cdot A + 5 \cdot I_2$$

$$A^2 = \begin{bmatrix} 1 & 2 \\ 3 & -4 \end{bmatrix} \cdot \begin{bmatrix} 1 & 2 \\ 3 & -4 \end{bmatrix} = \begin{bmatrix} 7 & -6 \\ -9 & 22 \end{bmatrix}$$

$$p(A) = 2 \cdot \begin{bmatrix} 7 & -6 \\ -9 & 22 \end{bmatrix} - 3 \begin{bmatrix} 1 & 2 \\ 3 & -4 \end{bmatrix} + 5 \begin{bmatrix} 1 & 0 \\ 0 & 1 \end{bmatrix} = \begin{bmatrix} 16 & -18 \\ -27 & 61 \end{bmatrix}$$

- Sia $q(x) = x^2 + 3x - 10$, allora $q(A) = A^2 + 3A - 10 I_2$

$$q(A) = \begin{bmatrix} 7 & -6 \\ -9 & 22 \end{bmatrix} + 3 \begin{bmatrix} 1 & 2 \\ 3 & -4 \end{bmatrix} - 10 \begin{bmatrix} 1 & 0 \\ 0 & 1 \end{bmatrix} = \begin{bmatrix} 0 & 0 \\ 0 & 0 \end{bmatrix}$$

Allora A è uno zero del polinomio $q(x)$.

Matrici Invertibili

__Definizione__ Una matrice quadrata A di ordine m si dice invertibile se esiste una matrice quadrata B di ordine m, tale che:

$$A \cdot B = B \cdot A = I_m$$

Se tale matrice B esiste, allora è unica.

Se la matrice B esiste, chiameremo questa matrice INVERSA DI A e la indicheremo con A^{-1}

$$B \underset{df}{=} A^{-1}$$

__Proposizione__ Sia A una matrice quadrata di ordine m, supponiamo che la matrice B, quadrata di ordine m, sia l'inversa di A, allora B è unica.

__dimostrazione__

Supponiamo che B non sia unica, ma che esista un'altra matrice quadrata di ordine m C, tale che $A \cdot C = C \cdot A = I_m$, con $B \neq C$.

Verifichiamo che tale ipotesi è assurda:

$$B = B \cdot I_m = B \cdot (A \cdot C) = (B \cdot A) \cdot C = I_m \cdot C = C \quad \Rightarrow \quad B = C, \text{ contro}$$

l'ipotesi che $B \neq C$.

__ESERCIZIO__

Sia $A = \begin{bmatrix} 2 & 5 \\ 1 & 3 \end{bmatrix}$; verificare che la matrice $B = \begin{bmatrix} 3 & -5 \\ -1 & 2 \end{bmatrix}$ è l'inversa di A:

- $A \cdot B = \begin{bmatrix} 2 & 5 \\ 1 & 3 \end{bmatrix} \cdot \begin{bmatrix} 3 & -5 \\ -1 & 2 \end{bmatrix} = \begin{bmatrix} 1 & 0 \\ 0 & 1 \end{bmatrix} = I_2$

- $B \cdot A = \begin{bmatrix} 3 & -5 \\ -1 & 2 \end{bmatrix} \cdot \begin{bmatrix} 2 & 5 \\ 1 & 3 \end{bmatrix} = \begin{bmatrix} 1 & 0 \\ 0 & 1 \end{bmatrix} = I_2$

__N.B.__ Per simmetria si può dire che A è l'inversa di B.

Vale la seguente __proprietà delle Matrici Quadrate__

Siano A, B due matrici quadrate di ordine m su $\mathbb{R}$: $A \cdot B = I_m \iff B \cdot A = I_m$

È necessario controllare soltanto un prodotto per determinare se due matrici quadrate di ordine m su $\mathbb{R}$ sono invertibili.

__Esempio__

Sia $A = \begin{bmatrix} 1 & 3 \\ 0 & 2 \end{bmatrix}$, determinare se esiste la sua inversa.

Sia $B = \begin{bmatrix} x & y \\ z & t \end{bmatrix}$ la generica matrice di ordine 2 su $\mathbb{R}$ tale che A

B è l'inversa di A, per opportuni valori di x, y, z, t se: $A \cdot B = I_2$

$$\begin{bmatrix} 1 & 3 \\ 0 & 2 \end{bmatrix} \begin{bmatrix} x & y \\ z & t \end{bmatrix} = \begin{bmatrix} 1 & 0 \\ 0 & 1 \end{bmatrix}$$

$$\begin{bmatrix} x+3z & y+3t \\ 2z & 2t \end{bmatrix} = \begin{bmatrix} 1 & 0 \\ 0 & 1 \end{bmatrix} \longrightarrow \begin{cases} x+3z = 1 \\ y+3t = 0 \\ 2z = 0 \\ 2t = 1 \end{cases} ; \quad \begin{cases} z = 0 \\ t = \frac{1}{2} \\ x = 1 \\ y = -\frac{3}{2} \end{cases}$$

La matrice B, inversa di A, esiste ed è $B = \begin{bmatrix} 1 & -\frac{3}{2} \\ 0 & \frac{1}{2} \end{bmatrix}$

Verifichiamolo direttamente: $\begin{bmatrix} 1 & 3 \\ 0 & 2 \end{bmatrix} \cdot \begin{bmatrix} 1 & -\frac{3}{2} \\ 0 & \frac{1}{2} \end{bmatrix} = \begin{bmatrix} 1 & 0 \\ 0 & 1 \end{bmatrix}$

ESERCIZI

1) Sia data la matrice $A_1 = \begin{bmatrix} 1 & -2 & 3 & -1 \\ 2 & -1 & 2 & 2 \\ 3 & 1 & 2 & 3 \end{bmatrix}$; ridurre A_1 in forma a gradini ridotta per righe.

2) Sia data la matrice $A_2 = \begin{bmatrix} 6 & 3 & -4 \\ -4 & 1 & -6 \\ 1 & 2 & -5 \end{bmatrix}$; ridurre A_2 in forma a gradini ridotta per righe.

3) Sia data la matrice $A_3 = \begin{bmatrix} 0 & 1 & 3 & -2 \\ 2 & 1 & -4 & 3 \\ 2 & 3 & 2 & -1 \end{bmatrix}$; ridurre A_3 in forma a gradini ridotta per righe.

4) Sia $A = \begin{bmatrix} 1 & 2 \\ 4 & -3 \end{bmatrix}$; trovare A^2, A^3, $f(A)$ essendo $f(x) = 2x^2 - 4x + 5$. Dimostrare inoltre che A è uno zero del polinomio $g(x) = x^2 + 2x - 11$.

5) Sia $A = \begin{bmatrix} 1 & 3 \\ 4 & -3 \end{bmatrix}$; trovare un vettore colonna non zero $\bar{u} = \begin{pmatrix} x \\ y \end{pmatrix}$, per il quale $A\bar{u} = 3\bar{u}$

6) Trovare l'inversa di $A = \begin{bmatrix} 3 & 5 \\ 2 & 3 \end{bmatrix}$

7) Ridurre le seguenti matrici a gradini e poi nella forma canonica a gradini ridotta per righe:

$A = \begin{bmatrix} 1 & 2 & -1 & 2 & 1 \\ 2 & 4 & 1 & -2 & 3 \\ 3 & 6 & 2 & -6 & 5 \end{bmatrix}$
$B = \begin{bmatrix} 2 & 3 & -2 & 5 & 1 \\ 3 & -1 & 2 & 0 & 4 \\ 4 & -5 & 6 & -5 & 7 \end{bmatrix}$

$C = \begin{bmatrix} 1 & 3 & -1 & 2 \\ 0 & 11 & -5 & 3 \\ 2 & -5 & 3 & 1 \\ 4 & 1 & 1 & 5 \end{bmatrix}$
$D = \begin{bmatrix} 0 & 1 & 3 & -2 \\ 0 & 4 & -1 & 3 \\ 0 & 0 & 2 & 1 \\ 0 & 5 & -3 & 4 \end{bmatrix}$

8) Sia $A = \begin{bmatrix} 2 & 2 \\ 3 & -1 \end{bmatrix}$, trovare A^2 e A^3.

Se $f(x) = x^3 - 3x^2 - 2x + 4$ trovare $f(A)$.

Se $g(x) = x^2 - x - 8$ trovare $g(A)$.

9) Sia $B = \begin{bmatrix} 1 & 3 \\ 5 & 3 \end{bmatrix}$, trovare B^2.

Se $f(x) = 2x^2 - 4x + 3$, trovare $f(B)$. Se $g(x) = x^2 - 4x - 12$ trovare $g(B)$.

Determinare un vettore colonna non nullo $\bar{u} = \begin{pmatrix} x \\ y \end{pmatrix}$ tale che $B\bar{u} = 6\bar{u}$

10) Si dice che 2 matrici A, B commutano se $AB = BA$. Trovare tutte le matrici $\begin{bmatrix} x & y \\ z & w \end{bmatrix}$ che commutano con la matrice $\begin{bmatrix} 1 & 1 \\ 0 & 1 \end{bmatrix}$.

11) Sia $A = \begin{bmatrix} 1 & 2 \\ 0 & 1 \end{bmatrix}$, trovare A^n

12) Siano $A = \begin{bmatrix} 2 & 0 \\ 0 & 3 \end{bmatrix}$ e $B = \begin{bmatrix} 7 & 0 \\ 0 & 4 \end{bmatrix}$, trovare $A+B$, $A \cdot B$, A^2 e B^3

13) Trovare l'inversa, se esiste, delle due matrici: $A = \begin{bmatrix} 3 & 2 \\ 7 & 5 \end{bmatrix}$ e $B = \begin{bmatrix} 2 & -3 \\ 1 & 3 \end{bmatrix}$

14) Trovare l'inversa delle matrici: $A = \begin{bmatrix} -1 & 2 & -3 \\ 2 & 1 & 0 \\ 4 & -2 & 5 \end{bmatrix}$, $B = \begin{bmatrix} 2 & 1 & -1 \\ 0 & 2 & 1 \\ 5 & 2 & -3 \end{bmatrix}$

15) Trovare l'inverse di $A = \begin{bmatrix} 1 & 3 & 4 \\ 3 & -1 & 6 \\ -1 & 5 & 1 \end{bmatrix}$

16) Verificare che le operazioni di inversione e trasposizione commutano ovvero, se A è una matrice quadrata invertibile.

$$(A^t)^{-1} = (A^{-1})^t$$

Verificare la proprietà per la matrice $A = \begin{bmatrix} 2 & 0 \\ 0 & 3 \end{bmatrix}$.

Determinante di una Matrice Quadrata

Definizione   Sia $A = (a_{ij})$ con $i, j = 1, 2, \dots, m$ una matrice quadrata di ordine m. A tale matrice è possibile associare un numero reale, chiamato determinante della matrice A, nel seguente modo:

Per $m = 1$: $A = [a] \implies \det A = a$

Per $m = 2$: $A = \begin{bmatrix} a_{11} & a_{12} \\ a_{21} & a_{22} \end{bmatrix} \implies \det A = a_{11} \, a_{22} - a_{12} \cdot a_{21}$

Per $m = 3$: $A = \begin{bmatrix} a_{11} & a_{12} & a_{13} \\ a_{21} & a_{22} & a_{23} \\ a_{31} & a_{32} & a_{33} \end{bmatrix}$, il $\det A$ viene calcolato con <u>la regola di Sarrus</u>:

<u>diagonale secondaria</u>

$$
\begin{array}{ccc}
\oplus & \oplus & \oplus \\
a_{11} & a_{12} & a_{13} \\
a_{21} & a_{22} & a_{23} \\
a_{31} & a_{32} & a_{33} \\
\ominus & \ominus & \ominus
\end{array}
\qquad
\begin{array}{cc}
a_{11} & a_{12} \\
a_{21} & a_{22} \\
a_{31} & a_{32}
\end{array}
$$

diagonale principale

Il $\det A$ è determinato dalla somma algebrica dei prodotti dei termini situati sulla diagonale principale e sulle due diagonali parallele, presi col segno $+$, e dei prodotti dei termini situati sulla diagonale secondaria e sulle due diagonali parallele, presi col segno $-$:

$$\det A = a_{11} \, a_{22} \, a_{33} + a_{12} \, a_{23} \, a_{31} + a_{13} \, a_{21} \, a_{32} - a_{31} \, a_{22} \, a_{13} - a_{32} \, a_{23} \, a_{11} - a_{33} \, a_{21} \, a_{12}$$

Definizione   Sia $A = \begin{bmatrix} a_{11} & a_{12} & \cdots & a_{1m} \\ a_{21} & a_{22} & \cdots & a_{2m} \\ \vdots & \vdots & & \vdots \\ a_{m1} & a_{m2} & \cdots & a_{mm} \end{bmatrix}$ una matrice quadrata di ordine

Indichiamo con M_{ij} la sottomatrice di A di ordine $m-1$ ottenuta da A cancellando la riga i-esima e la colonna j-esima.

Il determinante di M_{ij}, $\det(M_{ij})$, si dice <u>minore dell'elemento a_{ij} di A</u>.

Si dice <u>complemento algebrico di a_{ij}</u>, indicato con A_{ij}, il minore con segno:

$$A_{ij} = (-1)^{i+j} \cdot \det(M_{ij}) \ .$$

<u>N.B.</u> M_{ij} indica una matrice, mentre A_{ij} indica un numero reale.

Vale il <u>Teorema di Laplace</u>:

Il determinante di una matrice quadrata di ordine m: $A = (a_{ij})$ con $i,j = 1,2,\dots,m$ è uguale alla somma degli elementi di una qualsiasi linea (riga o colonna) moltiplicati per i rispettivi complementi algebrici

$$A = \begin{bmatrix} a_{11} & a_{12} & a_{13} & \cdots & a_{1m} \\ a_{21} & a_{22} & a_{23} & \cdots & a_{2m} \\ \vdots & & & & \\ a_{r1} & a_{r2} & a_{r3} & \cdots & a_{rm} \\ \vdots & & & & \\ a_{m1} & a_{m2} & a_{m2} & \cdots & a_{mm} \end{bmatrix}$$

$$\det A = a_{r1} \cdot A_{r1} + a_{r2} A_{r2} + a_{r3} A_{r3} + \dots + a_{rm} A_{rm} \qquad (\text{riga } r)$$

$$\det A = a_{1s} A_{1s} + a_{2s} A_{2s} + a_{3s} A_{3s} + \dots + a_{ms} A_{ms} \qquad (\text{colonna } s)$$

Applicando questo Teorema a qualsiasi matrice quadrata di ordine m, è sempre possibile associare ad ogni matrice quadrata di ordine m, un numero reale, che è il valore del suo determinante.

<u>Esempio</u>

Sia $A = \begin{bmatrix} -1 & 8 & 3 \\ 1 & -2 & 0 \\ -3 & 4 & 7 \end{bmatrix}$

Calcoliamo il determinante di A sviluppandolo lungo la prima riga:

$$A_{11} = (-1)^{1+1} \cdot \det \begin{bmatrix} -2 & 0 \\ 4 & 7 \end{bmatrix} = (1) \cdot (-14 - 0) = -14$$

$$A_{12} = (-1)^{1+2} \det \begin{bmatrix} 1 & 0 \\ -3 & 7 \end{bmatrix} = (-1)(7 - 0) = -7$$

$$A_{13} = (-1)^{1+3} \det \begin{bmatrix} 1 & -2 \\ -3 & 4 \end{bmatrix} = (1) \cdot (4 - 6) = -2$$

$$\det A = a_{11} A_{11} + a_{12} A_{12} + a_{13} A_{13} = (-1) \cdot (-14) + (-7)(8) + (3)(-2) = -48$$

<u>Esempio</u>

Calcolare il determinante della matrice $A = \begin{bmatrix} 5 & 4 & 2 & 1 \\ 2 & 3 & 1 & -2 \\ -5 & -7 & -3 & 9 \\ 1 & -2 & -1 & 4 \end{bmatrix}$

Calcoliamo il determinante sviluppandolo lungo la prima riga:

$$\bullet \quad A_{11} = (-1)^{1+1} \cdot \det \overbrace{\begin{bmatrix} 3 & 1 & -2 \\ -7 & -3 & 9 \\ -2 & -1 & 4 \end{bmatrix}}^{M_{11}}$$

Regola di Sarrus:

$$\det M_{11} = (-36 - 18 - 14) - (-12 - 27 - 28) = -1 \qquad \Rightarrow \quad A_{11} = -1$$

$$\bullet \quad A_{12} = (-1)^{1+2} \cdot \det \underbrace{\begin{bmatrix} 2 & 1 & -2 \\ -5 & -3 & 9 \\ 1 & -1 & 4 \end{bmatrix}}_{M_{12}}$$

Regola di Sarrus:

$$\det M_{12} = (-24 + 9 - 10) - (6 - 18 - 20) = 7 \qquad \Rightarrow \quad A_{12} = (-1) \cdot 7 = -7$$

$$\bullet \quad A_{13} = (-1)^{1+3} \cdot \det \underbrace{\begin{bmatrix} 2 & 3 & -2 \\ -5 & -7 & 9 \\ 1 & -2 & 4 \end{bmatrix}}_{M_{13}}$$

Regola di Sarrus:

$$\det (M_{13}) = (-56 + 27 - 20) - (14 - 36 - 60) = 33 \qquad \Rightarrow \quad A_{13} = (1) \cdot 33 = 33$$

$$\bullet \quad A_{14} = (-1)^{1+4} \cdot \det \underbrace{\begin{bmatrix} 2 & 3 & 1 \\ -5 & -7 & -3 \\ 1 & -2 & -1 \end{bmatrix}}_{M_{14}}$$

Regola di Sarrus:

$$\det M_{14} = (14 - 9 + 10) - (-7 + 12 + 15) = -5 \quad \Rightarrow \quad A_{14} = (-1)^{1+4} \cdot (-5) = 5$$

$$\det A = a_{11} A_{11} + a_{12} A_{12} + a_{13} A_{13} + a_{14} A_{14}$$

$$\boxed{\det A = 5 \cdot (-1) + 4 \cdot (-7) + 2 \cdot (33) + 1 \cdot (5) = 38}$$

PROPRIETÀ DEI DETERMINANTI

Sia A una matrice quadrata di ordine n:

1) $\det A = \det A^t$

2) se A ha una riga (o una colonna) di zeri: $\det A = 0$

3) se A ha due righe (o due colonne) identiche: $\det A = 0$

4) se A è una matrice triangolare superiore o inferiore:

    $\det A$ = prodotto degli elementi della diag. principale.

<u>Caso particolare</u>: $\det I_n = 1$.

TEOREMI SUI DETERMINANTI

(1) Sia B una matrice che si ottiene da una matrice A:

  (i) moltiplicando una riga (o una colonna) di A per un numero reale K, allora $\det B = K \cdot \det A$.

  (ii) scambiando due righe (o due colonne) di A, allora $\det B = -\det A$

(2) Sia A una matrice quadrata di ordine n, allora questi enunciati sono equivalenti:

  (i) A è invertibile, cioè possiede inversa A^{-1}

  (ii) A è non singolare, ovvero $A \cdot X = 0$ ha solo la soluzione $X = 0$

  (iii) $\det A \neq 0$

(3) Il determinante è una funzione moltiplicativa. Vale a dire che
il determinante del prodotto di due matrici quadrate di ordine n
è uguale al prodotto dei loro determinanti:

$$\det(A \cdot B) = (\det A) \cdot (\det B).$$

AGGIUNTO CLASSICO

Consideriamo una matrice quadrata di ordine n su $\mathbb{R}$:

$$A = \begin{bmatrix} a_{11} & a_{12} \ldots & a_{1n} \\ a_{21} & a_{22} \ldots & a_{2n} \\ \vdots & & \\ a_{n1} & a_{n2} \ldots & a_{nn} \end{bmatrix}$$

e costruiamo la matrice dei complementi algebrici degli elementi
a_{ij} di A:

$$\begin{bmatrix} A_{11} & A_{12} \ldots & A_{1n} \\ A_{21} & A_{22} \ldots & A_{2n} \\ \vdots & & \\ A_{n1} & A_{n2} \ldots & A_{nn} \end{bmatrix}$$

La trasposta di tale matrice si indica con $\mathrm{agg}\,A$ e viene detta
aggiunto classico di A:

$$\mathrm{agg}\,A = \begin{bmatrix} A_{11} & A_{12} \ldots & A_{1n} \\ A_{21} & A_{22} \ldots & A_{2n} \\ \vdots & & \\ A_{n1} & A_{n2} \ldots & A_{nn} \end{bmatrix}^{t} = \begin{bmatrix} A_{11} & A_{21} \ldots & A_{n1} \\ A_{12} & A_{22} & A_{n2} \\ \vdots & \vdots & \vdots \\ A_{1n} & A_{2n} & A_{nn} \end{bmatrix}$$

Esercizio

Determinare l'aggiunto classico di $A = \begin{bmatrix} 2 & 3 & -4 \\ 0 & -4 & 2 \\ 1 & -1 & 5 \end{bmatrix}$

$A_{11} = (-1)^2 \det \begin{bmatrix} -4 & 2 \\ -1 & 5 \end{bmatrix} = (1) \cdot (-20+2) = -18$

$A_{12} = (-1)^3 \det \begin{bmatrix} 0 & 2 \\ 1 & 5 \end{bmatrix} = (-1) \cdot (-2) = 2$

$A_{13} = (-1)^4 \det \begin{bmatrix} 0 & -4 \\ 1 & -1 \end{bmatrix} = (1) \cdot (4) = 4$

$A_{21} = (-1)^3 \det \begin{bmatrix} 3 & -4 \\ -1 & 5 \end{bmatrix} = (-1) \cdot (15-4) = -11$

$A_{22} = (-1)^4 \det \begin{bmatrix} 2 & -4 \\ 1 & 5 \end{bmatrix} = 10+4 = 14$

$A_{23} = (-1)^5 \det \begin{bmatrix} 2 & 3 \\ 1 & -1 \end{bmatrix} = (-1)(-2-3) = 5$

$A_{31} = (-1)^4 \det \begin{bmatrix} 3 & -4 \\ -4 & 2 \end{bmatrix} = (1) \cdot (6-16) = -10$

$A_{32} = (-1)^5 \det \begin{bmatrix} 2 & -4 \\ 0 & 8 \end{bmatrix} = (-1)(16+4) = -14$

$A_{33} = (-1)^6 \det \begin{bmatrix} 2 & 3 \\ 0 & -4 \end{bmatrix} = (1) \cdot (-8) = -8$

$$\begin{bmatrix} -18 & 2 & 4 \\ -11 & 14 & 5 \\ -10 & -4 & -8 \end{bmatrix}$$

Segue che $\quad \text{agg } A = \begin{bmatrix} -18 & 2 & 4 \\ -11 & 14 & 5 \\ -10 & -4 & -8 \end{bmatrix}^t = \begin{bmatrix} -18 & -11 & -10 \\ 2 & 14 & -4 \\ 4 & 5 & -8 \end{bmatrix}$

TEOREMA

Per qualsiasi matrice quadrata A di ordine n su $\mathbb{R}$:

$$A \cdot (\text{agg } A) = \text{agg}(A) \cdot A = (\det A) \cdot I_n$$

Questo teorema fornisce un metodo importante per ottenere l'inversa di una matrice data:

$$A^{-1} = \frac{1}{\det A} \cdot \text{agg } A \, , \quad \text{con } \det A \neq 0.$$

Esercizio

Determinare l'inversa della matrice data $A = \begin{bmatrix} 2 & 3 & -4 \\ 0 & -4 & 2 \\ 1 & -1 & 5 \end{bmatrix}$

Calcoliamo $\det A$ con il Teorema di Laplace:

$$\det A = a_{11} A_{11} + a_{12} A_{12} + a_{13} A_{13}$$

$$A_{11} = (-1)^2 \cdot \det \begin{bmatrix} -4 & 2 \\ -1 & 5 \end{bmatrix} = (1) \cdot (-20 + 2) = -18$$

$$A_{12} = (-1)^3 \det \begin{bmatrix} 0 & 2 \\ 1 & 5 \end{bmatrix} = (-1)(-2) = 2$$

$$A_{13} = (-1)^4 \det \begin{bmatrix} 0 & -4 \\ 1 & -1 \end{bmatrix} = (1)(4) = 4$$

$$\det A = 2 \cdot (-18) + 3 \cdot (2) - 4 \cdot (4) = -46$$

$$A^{-1} = \frac{1}{-46} \cdot \begin{bmatrix} -18 & -11 & -10 \\ 2 & 14 & -4 \\ 4 & 5 & -8 \end{bmatrix} =$$

$$= \begin{bmatrix} \dfrac{-18}{-46} & \dfrac{-11}{-46} & \dfrac{-10}{-46} \\[2mm] \dfrac{2}{-46} & \dfrac{14}{-46} & \dfrac{-4}{-46} \\[2mm] \dfrac{4}{-46} & \dfrac{5}{-46} & \dfrac{-8}{-46} \end{bmatrix} = \begin{bmatrix} \dfrac{9}{23} & \dfrac{11}{46} & \dfrac{5}{23} \\[2mm] -\dfrac{1}{23} & -\dfrac{7}{23} & \dfrac{2}{23} \\[2mm] \dfrac{2}{23} & -\dfrac{5}{46} & \dfrac{4}{23} \end{bmatrix}$$

In conclusione l'inversa di A è la matrice:

$$A^{-1} = \begin{bmatrix} \dfrac{9}{23} & \dfrac{11}{46} & \dfrac{5}{23} \\[2mm] -\dfrac{1}{23} & -\dfrac{7}{23} & \dfrac{2}{23} \\[2mm] \dfrac{2}{23} & -\dfrac{5}{46} & \dfrac{4}{23} \end{bmatrix}$$

ESERCIZI

1) Calcolare il determinante delle seguenti matrici:

$$A = \begin{bmatrix} 2 & 0 & -1 \\ 3 & 0 & 2 \\ 4 & -3 & 7 \end{bmatrix} \qquad B = \begin{bmatrix} a & b & c \\ c & a & b \\ b & c & a \end{bmatrix} \qquad C = \begin{bmatrix} 3 & 2 & -4 \\ 1 & 0 & -2 \\ -2 & 3 & 3 \end{bmatrix}$$

2) Calcolare il determinante della matrice $A = \begin{bmatrix} 2 & 5 & -3 & -2 \\ -2 & -3 & 2 & -5 \\ 1 & 3 & -2 & 2 \\ -1 & -6 & 4 & 3 \end{bmatrix}$

3) Calcolare il determinante della matrice $P = \begin{bmatrix} 3 & -2 & -5 & 4 \\ -5 & 2 & 8 & -5 \\ -2 & 4 & 7 & -3 \\ 2 & -3 & -5 & 8 \end{bmatrix}$

4) Calcolare il determinante della matrice $K = \begin{bmatrix} t+3 & -1 & 1 \\ 5 & t-3 & 1 \\ 6 & -6 & t+4 \end{bmatrix}$

5) Trovare l'aggiunto classico della matrice $A = \begin{bmatrix} 2 & 1 & -3 & 4 \\ 5 & -4 & 7 & -2 \\ 4 & 0 & 6 & -3 \\ 3 & -2 & 5 & 2 \end{bmatrix}$

6) Si consideri la matrice $A = \begin{bmatrix} 1 & 2 & 3 \\ 2 & 3 & 4 \\ 1 & 5 & 7 \end{bmatrix}$. Calcolare:

(i) $\det(A)$

(ii) Trovare l'aggiunto classico di A: $agg(A)$

(iii) Trovare A^{-1}

(iv) Verificare che $A \cdot (agg A) = (\det A) \cdot I_3$

7) Sia $A = \begin{bmatrix} a & b \\ c & d \end{bmatrix}$

(i) Trovare $agg A$

(ii) Dimostrare che $agg(agg A) = A$

8) Trovare l'inversa di $A = \begin{bmatrix} 1 & 1 & 1 \\ 0 & 1 & 1 \\ 0 & 0 & 1 \end{bmatrix}$

9) Calcolare i determinanti di $A = \begin{bmatrix} 2 & 5 \\ 4 & 1 \end{bmatrix}$ e $B = \begin{bmatrix} 6 & 1 \\ 3 & -2 \end{bmatrix}$

10) Calcolare il determinante delle matrici $\begin{pmatrix} t-2 & -3 \\ -4 & t-1 \end{pmatrix}$ e $\begin{pmatrix} t-5 & 7 \\ -1 & t+3 \end{pmatrix}$.
Per quali valori di t le matrici sono "non singolari"?

11) Calcolare il determinante di ciascuna matrice seguente:
$$A_1 = \begin{bmatrix} 2 & 1 & 1 \\ 0 & 5 & -2 \\ 1 & -3 & 4 \end{bmatrix} \quad A_2 = \begin{bmatrix} 3 & -2 & -4 \\ 2 & 5 & -1 \\ 0 & 6 & 1 \end{bmatrix} \quad A_3 = \begin{bmatrix} -2 & -1 & 4 \\ 6 & -3 & -2 \\ 4 & 1 & 2 \end{bmatrix} \quad A_4 = \begin{bmatrix} 7 & 6 & 5 \\ 1 & 2 & 1 \\ 3 & -2 & 1 \end{bmatrix}$$

12) Calcolare il determinante di ciascuna matrice seguente e stabilire per quali valori di $t \in \mathbb{R}$ il determinante è nullo:
$$P_1 = \begin{bmatrix} t-2 & 4 & 3 \\ 1 & t+1 & -2 \\ 0 & 0 & t-4 \end{bmatrix} \quad P_2 = \begin{bmatrix} t-1 & 3 & -3 \\ -3 & t+5 & -3 \\ -6 & 6 & t-4 \end{bmatrix} \quad P_3 = \begin{bmatrix} t+3 & -1 & 1 \\ 7 & t-5 & 1 \\ 6 & -6 & t+2 \end{bmatrix}$$

13) Calcolare il determinante delle seguenti matrici:

$$A = \begin{bmatrix} 1 & 2 & 2 & 3 \\ 1 & 0 & -2 & 0 \\ 3 & -1 & 1 & -2 \\ 4 & -3 & 0 & 2 \end{bmatrix} \qquad B = \begin{bmatrix} 2 & 1 & 3 & 2 \\ 3 & 0 & 1 & -2 \\ 1 & -1 & 4 & 3 \\ 2 & 2 & -1 & 1 \end{bmatrix}$$

14) Per la matrice $\begin{bmatrix} 1 & 2 & -2 & 3 \\ 3 & -1 & 5 & 0 \\ 4 & 0 & 2 & 1 \\ 1 & 7 & 2 & -3 \end{bmatrix}$ si trovi il complemento algebrico

dell'elemento a_{32}, a_{23}, a_{44}.

14) Sia $A = \begin{bmatrix} 1 & 1 & 0 \\ 1 & 1 & 1 \\ 0 & 2 & 1 \end{bmatrix}$. Trovare: $\text{agg} A$ e A^{-1}

15) Sia $A = \begin{bmatrix} 1 & 2 & 2 \\ 3 & 1 & 0 \\ 1 & 1 & 1 \end{bmatrix}$. Trovare $\text{agg} A$ e A^{-1}

La REGOLA DI LEIBNIZ - CRAMER per i sistemi di m equazioni lineari in m incognite

Consideriamo il sistema di m equazioni lineari a coefficienti razionali nelle m incognite $x_1, x_2, ..., x_m$:

$$
\begin{cases}
a_{11} x_1 + a_{12} x_2 + a_{13} x_3 + ... + a_{1m} x_m = K_1 \\
a_{21} x_1 + a_{22} x_2 + a_{23} x_3 + ... + a_{2m} x_m = K_2 \\
\quad \vdots \\
a_{m1} x_1 + a_{m2} x_2 + a_{m3} x_3 + ... + a_{mm} x_m = K_m
\end{cases}
$$

dove a_{ij}, $i,j = 1,2,...,m$ sono i coefficienti e K_i, $i = 1,2,...,m$, sono i termini noti, e sono tutti numeri appartenenti ad un campo, per esempio il campo razionale $\mathbb{Q}$.

Definizione Si dice soluzione del sistema dato ogni m-upla di numeri (vettore) $\bar{x} = (x_1, x_2, ..., x_m)$ che verifica (simultaneamente) tutte le equazioni del sistema.

Definizione Il sistema si dice possibile o impossibile secondoché esistono oppure non esistono delle soluzioni.

Se il sistema è possibile, si dice determinato se ammette un numero finito di soluzioni, si dice indeterminato se ammette un numero infinito di soluzioni.

Definizione Il sistema si dice omogeneo se $K_1 = K_2 = ... = K_m = 0$

Il sistema si può scrivere in forma matriciale:

$$
\underbrace{
\begin{bmatrix}
a_{11} & a_{12} & a_{13} & \cdots & a_{1m} \\
a_{21} & a_{22} & a_{23} & \cdots & a_{2m} \\
\vdots & \vdots & \vdots & & \vdots \\
a_{m1} & a_{m2} & a_{m3} & \cdots & a_{mm}
\end{bmatrix}}_{A}
\underbrace{
\begin{bmatrix}
x_1 \\
x_2 \\
\vdots \\
x_m
\end{bmatrix}}_{\bar{x}}
=
\underbrace{
\begin{bmatrix}
K_1 \\
K_2 \\
\vdots \\
K_m
\end{bmatrix}}_{\bar{K}}
$$

$$A\,\overline{x} = \overline{K} \quad (\text{forma matriciale del sistema})$$

A è detta la matrice dei coefficienti del sistema e sia $\Delta = \det A$.

$$\text{Sia}\quad A_1 = \begin{bmatrix} K_1 & a_{12} & a_{13} & \cdots & a_{1m} \\ K_2 & a_{22} & a_{23} & \cdots & a_{2m} \\ \vdots & & \vdots & & \\ K_m & a_{m2} & a_{m2} & \cdots & a_{mm} \end{bmatrix} \quad e\ sia\ \Delta_1 = \det A_1$$

$$\text{Sia}\quad A_2 = \begin{bmatrix} a_{11} & K_1 & a_{13} & \cdots & a_{1m} \\ a_{21} & K_2 & a_{23} & \cdots & a_{2m} \\ \vdots & & & & \\ a_{m1} & K_m & a_{m3} & \cdots & a_{mm} \end{bmatrix} \quad e\ sia\ \Delta_2 = \det A_2$$

$$\vdots$$

$$\text{Sia}\quad A_n = \begin{bmatrix} a_{11} & a_{12} & \cdots & K_1 \\ a_{21} & a_{22} & \cdots & K_2 \\ \vdots & & & \\ a_{m1} & a_{m2} & \cdots & K_m \end{bmatrix} \quad e\ sia\ \Delta_m = \det A_m$$

In generale: A_i è la matrice ottenuta dalla matrice A sostituendovi al posto della colonna i-esima, la colonna dei termini noti.

<u>Teorema di Leibniz - Cramer</u>

Un sistema di m eq. lineari in m incognite il cui determinante della matrice dei coefficienti $\Delta \neq 0$, allora tale sistema ha una e una sola soluzione $\overline{x} = (x_1, x_2, \ldots, x_m)$ dove:

$$x_1 = \frac{\Delta_1}{\Delta}$$

$$x_2 = \frac{\Delta_2}{\Delta}$$

$$\vdots$$

$$x_m = \frac{\Delta_m}{\Delta}$$

Se $\Delta = 0$ si presentano due casi:

(i) almeno uno dei determinanti $\Delta_1, \Delta_2, ..., \Delta_m$ sia $\neq 0 \implies$ il sistema è impossibile.

(ii) $\Delta_1 = \Delta_2 = ... = \Delta_m = 0 \implies$ non è possibile dedurre, senza un ulteriore studio, circa la possibilità e le eventuali soluzioni del sistema dato. Vedremo che esistono sistemi, per i quali si verifica questo caso, che sono _impossibili_ e altri che sono _indeterminati_.
Questo caso si studia con il _Teorema di Capelli_
(Vedremo successivamente)

ESEMPIO

Risolvere, se possibile il seguente sistema di equazioni lineari:

$$\begin{cases} 2x + 3y - 7z = 6 \\ 3x - 2y + 5z = 5 \\ 4x + 3y - 9z = 8 \end{cases}$$

$$\begin{bmatrix} 2 & 3 & -7 \\ 3 & -2 & 5 \\ 4 & 3 & -9 \end{bmatrix} \begin{bmatrix} x \\ y \\ z \end{bmatrix} = \begin{bmatrix} 6 \\ 5 \\ 8 \end{bmatrix} \qquad A\,\overline{x} = \overline{K}$$

$$\underbrace{}_{A} \qquad \underbrace{}_{\overline{x}} \qquad \underbrace{}_{\overline{K}}$$

Calcolo det (A)

$$\Delta = \det(A) = \det \begin{bmatrix} 2 & 3 & -7 \\ 3 & -2 & 5 \\ 4 & 3 & -9 \end{bmatrix} = 2 \cdot \det \begin{bmatrix} -2 & 5 \\ 3 & -9 \end{bmatrix} - 3 \det \begin{bmatrix} 3 & 5 \\ 4 & -9 \end{bmatrix} - 7 \det \begin{bmatrix} 3 & -2 \\ 4 & 3 \end{bmatrix} =$$

$$= 2 \cdot (+18 - 15) - 3 \cdot (-27 - 20) - 7 \cdot (9 + 8) = 28 \neq 0$$

$$\Delta_1 = \det \begin{bmatrix} 6 & 3 & -7 \\ 5 & -2 & 5 \\ 8 & 3 & -9 \end{bmatrix} = 56$$

$$\Delta_2 = \det \begin{bmatrix} 2 & 6 & -7 \\ 3 & 5 & 5 \\ 4 & 8 & -9 \end{bmatrix} = 84$$

$$\Delta_3 = \det \begin{bmatrix} 2 & 3 & 6 \\ 3 & -2 & 5 \\ 4 & 3 & 8 \end{bmatrix} = 28$$

La soluzione unica del sistema è $\overline{x} = (x_1, x_2, x_3)$ essendo

$$x_1 = \frac{56}{28}^{2}, \quad x_2 = \frac{84}{28}^{3}, \quad x_3 = \frac{28}{28}^{1}$$

$$\overline{x} = (2; 3; 1)$$

RANGO DI UNA MATRICE

Definizione: Si dice rango della matrice il massimo ordine dei minori non nulli che si possano estrarre dalla matrice stessa.

Sia $A = \begin{bmatrix} a_{11} & a_{12} & \dots & a_{1n} \\ a_{21} & a_{22} & \dots & a_{2n} \\ \vdots & & & \\ a_{m1} & a_{m2} & \dots & a_{mn} \end{bmatrix}$ una matrice di m righe ed n colonne

È evidente che il rango di A, indicato con $rg(A)$, è tale che:

$$0 \leq rg(A) \leq \min\{m,n\}$$

- $rg(A) = 0 \iff$ ogni elemento di A è nullo.

- Se la matrice è quadrata, cioè $m = n$, $rg(A) = n \iff \det A \neq 0$.

Per la definizione posta, la matrice A possiede rango r quando esiste un minore della matrice, di ordine r, non nullo, mentre sono nulli tutti i minori di ordine $r+1, r+2, \dots$

Teorema di Capelli

Dato un sistema di m equazioni lineari in n incognite

$$\begin{cases} a_{11} x_1 + a_{12} x_2 + a_{13} x_3 + \dots + a_{1n} x_n = h_1 \\ a_{21} x_1 + a_{22} x_2 + a_{23} x_3 + \dots + a_{2n} x_n = h_2 \\ \vdots \\ a_{m1} x_1 + a_{m2} x_2 + a_{m3} x_3 + \dots + a_{mn} x_n = h_m \end{cases}$$

$$\begin{bmatrix} a_{11} & a_{12} & a_{13} & \dots & a_{1n} \\ a_{21} & a_{22} & a_{23} & \dots & a_{2n} \\ \vdots & \vdots & & & \\ a_{m1} & a_{m1} & a_{m2} & \dots & a_{mn} \end{bmatrix} \cdot \begin{bmatrix} x_1 \\ x_2 \\ \vdots \\ \vdots \\ x_n \end{bmatrix} = \begin{bmatrix} h_1 \\ h_2 \\ \vdots \\ \\ h_m \end{bmatrix}$$

Indichiamo come di consueto con A la matrice
dei coefficienti:

$$A = \begin{bmatrix} a_{11} & a_{12} & \cdots & a_{1n} \\ a_{21} & a_{22} & \cdots & a_{2n} \\ \vdots & & & \\ a_{m1} & a_{m2} & \cdots & a_{mn} \end{bmatrix}$$

e con $\tilde{A}$ la matrice dei coefficienti "orlata" con la
colonna dei termini noti:

$$\tilde{A} = \left[\begin{array}{cccc|c} a_{11} & a_{12} & \cdots & a_{1n} & h_1 \\ a_{21} & a_{22} & \cdots & a_{2n} & h_2 \\ \vdots & & & & \vdots \\ a_{m1} & a_{m2} & \cdots & a_{mn} & h_m \end{array} \right]$$

Ciò premesso possiamo enunciare il <u>Teorema di Capelli</u>:

Condizione necessaria e sufficiente affinchè un sistema di
m equazioni lineari in n incognite ammetta soluzione
è che: $\qquad \operatorname{rg} \tilde{A} = \operatorname{rg} A$.

<u>Definizione</u>

(*) Si chiama <u>MINORE di ordine r</u> di una matrice rettangolore di m
righe ed n colonne ($r \le m, n$) ogni determinante ottenuto sopprimendo
nella matrice data $(m-r)$ righe ed $(n-r)$ colonne.

Per poter asserire che r è il rango di una matrice data,
basta trovare in essa un minore non nullo di ordine r
e provare che sono tutti nulli i suoi minori d'ordine $r+1$.
Sussiste anche il seguente Teorema di Kronecker:
"affinchè una matrice abbia rango r è necessario e sufficiente che in
essa vi sia un minore di ordine r non nullo e che siano tutti nulli
gli eventuali minori di ordine $r+1$ <u>contenenti il suddetto minore</u>.

$$\underline{ESERCIZI}$$

1) Determinare il rango della matrice $A = \begin{bmatrix} -1 & 2 & 3 & 1 \\ 1 & 3 & 0 & -2 \\ 3 & -1 & -6 & -4 \end{bmatrix}$

Il rango di A è tale che: $0 \le rg(A) \le min(3,4)$

$$0 \le rg(A) \le 3$$

Il massimo ordine dei minori non nulli che si possono estrarre dalla matrice data è 3 e tali minori sono:

$M_1 = \det \begin{bmatrix} -1 & 2 & 3 \\ 1 & 3 & 0 \\ 3 & -1 & -6 \end{bmatrix}$
$\quad M_2 = \det \begin{bmatrix} -1 & 2 & 1 \\ 1 & 3 & -2 \\ 3 & -1 & -4 \end{bmatrix}$
$\quad M_3 = \det \begin{bmatrix} -1 & 3 & 1 \\ 1 & 0 & -2 \\ 3 & -6 & -4 \end{bmatrix}$

$M_4 = \det \begin{bmatrix} 2 & 3 & 1 \\ 3 & 0 & -2 \\ -1 & -6 & -4 \end{bmatrix}$

Se uno fra questi è $\ne 0$ $\Rightarrow$ $rgA = 3$

$M_1 = \det \begin{bmatrix} -1 & 2 & 3 \\ 1 & 3 & 0 \\ 3 & -1 & -6 \end{bmatrix} = -1(-18-0) - 2(-6-0) + 3(-1-9) =$

$$= 18 + 12 - 30 = 0$$

$M_2 = \det \begin{bmatrix} -1 & 2 & 1 \\ 1 & 3 & -2 \\ 3 & -1 & -4 \end{bmatrix} = -1(-12-2) - 2(-4+6) + 1(-1-9) =$

$$= 14 - 4 - 10 = 0$$

$M_3 = \det \begin{bmatrix} -1 & 3 & 1 \\ 1 & 0 & -2 \\ 3 & -6 & -4 \end{bmatrix} = -1 \cdot (0-12) - 3(-4+6) + 1 \cdot (-6-0) =$

$$= 12 - 6 - 6 = 0$$

$M_4 = \det \begin{bmatrix} 2 & 3 & 1 \\ 3 & 0 & -2 \\ -1 & -6 & -4 \end{bmatrix} = 2 \cdot (0-12) - 3(-12-2) + 1(-18-0) =$

$$= -24 + 42 - 18 = 0$$

Tutti i minori del 3° ordine sono tutti nulli $\Rightarrow$ $rg(A) < 3$

Esiste almeno un minore del secondo ordine non nullo che si può estrarre dalla matrice?

$$\det \begin{bmatrix} -1 & 2 \\ 1 & 3 \end{bmatrix} = -3 - 2 = -5 \ne 0 \quad \Rightarrow \quad \boxed{rg(A) = 2}$$

2) Determinare il rango della matrice:

$$A = \begin{bmatrix} 1 & 0 & -1 & 2 \\ -1 & 1 & 3 & -8 \\ 2 & 1 & 0 & -2 \\ -1 & -1 & -1 & 4 \end{bmatrix}$$

$$[rg(A) = 2]$$

3) Determinare il rango della matrice:

$$B = \begin{bmatrix} 1 & -1 & 3 & 0 \\ 2 & 1 & 1 & -2 \\ 1 & -2 & 1 & 2 \end{bmatrix}$$

$$[rg(B) = 3]$$

4) Studiare al variare di $\lambda \in \mathbb{R}$ il rango della seguente matrice:

$$A = \begin{bmatrix} 1 & 0 & 1 & 0 \\ \lambda & \lambda-1 & \lambda-1 & 1 \\ \lambda-1 & 1 & 0 & 3-\lambda \end{bmatrix}$$

$$\begin{bmatrix} \text{Per } \lambda = 2 & rg(A) = 2 \\ \text{Per } \lambda \neq 2 & rg(A) = 3 \end{bmatrix}$$

5) Studiare al variare di $t \in \mathbb{R}$ il rango della seguente matrice:

$$A = \begin{bmatrix} t & 2 & 1 & t \\ 1+t & 1 & t & 1 \\ 3 & 3 & 2t & 2t \end{bmatrix}$$

$$\begin{bmatrix} \text{Per } t = 1 & rg(A) = 2 \\ \text{Per } t \neq 1 & rg(A) = 3 \end{bmatrix}$$

6) Studiare al variare di $\xi \in \mathbb{R}$ il rango della seguente matrice

$$A = \begin{bmatrix} 1 & \xi & \xi-1 & 0 \\ 1 & 1 & 0 & \xi-1 \\ \xi+1 & 2\xi+1 & \xi & 2\xi-1 \end{bmatrix}$$

$$\begin{bmatrix} \text{Per } \xi=3 \text{ e } \xi=1 & rg(A)=2 \\ \text{Per } \xi \neq 3 \text{ e } \xi \neq 1 & rg(A)=3 \\ \text{Per } \xi=0 & rg(A)=2 \end{bmatrix}$$

7) Trovare il rango della matrice A:

(i) $A = \begin{bmatrix} 1 & 3 & 1 & -2 & -3 \\ 1 & 4 & 3 & -1 & -4 \\ 2 & 3 & -4 & -7 & -3 \\ 3 & 8 & 1 & -7 & -8 \end{bmatrix}$ $[rg(A) = 2]$

(ii) $A = \begin{bmatrix} 1 & 2 & -3 \\ 2 & 1 & 0 \\ -2 & -1 & 3 \\ -1 & 4 & -2 \end{bmatrix}$ $[rg(A) = 3]$

(iii) $A = \begin{bmatrix} 1 & 3 \\ 0 & -2 \\ 5 & -1 \\ -2 & 3 \end{bmatrix}$ $[rg(A) = 2]$

8) Trovare il rango della matrice B:

(i) $B = \begin{bmatrix} 1 & 3 & -2 & 5 & 4 \\ 1 & 4 & 1 & 3 & 5 \\ 1 & 4 & 2 & 4 & 3 \\ 2 & 7 & -3 & 6 & 13 \end{bmatrix}$ $[rg(B) = 3]$

(ii) $B = \begin{bmatrix} 1 & 2 & -3 & -2 & -3 \\ 1 & 3 & -2 & 0 & -4 \\ 3 & 8 & -7 & -2 & -11 \\ 2 & 1 & -9 & -10 & -3 \end{bmatrix}$ $[rg(B) = 2]$

(iii) $B = \begin{bmatrix} 1 & 1 & 2 \\ 4 & 5 & 5 \\ 5 & 8 & 1 \\ -1 & -2 & 2 \end{bmatrix}$ $[rg(B) = 3]$

(iv) $B = \begin{bmatrix} 2 & 1 \\ 3 & -7 \\ -6 & 1 \\ 5 & -8 \end{bmatrix}$ $[rg(B) = 2]$

9) Risolvere il seguente sistema di equazioni lineari non omogeneo nelle incognite $x, y, z \in \mathbb{R}$:

$$\begin{cases} x - 3y - z = -11 \\ 2x - y - 2z = -7 \\ 4x - 2y + z = 6 \end{cases}$$

$$\begin{bmatrix} 1 & -3 & -1 \\ 2 & -1 & -2 \\ 4 & -2 & 1 \end{bmatrix} \begin{bmatrix} x \\ y \\ z \end{bmatrix} = \begin{bmatrix} -11 \\ -7 \\ 6 \end{bmatrix}$$

Calcoliamo il determinante della matrice dei coefficienti:

$$\Delta = \det \begin{bmatrix} 1 & -3 & -1 \\ 2 & -1 & -2 \\ 4 & -2 & 1 \end{bmatrix} = 25 \neq 0$$

il sistema ammette una ed una sola soluzione

$$\Delta_1 = \det \begin{bmatrix} -11 & -3 & -1 \\ -7 & -1 & -2 \\ 6 & -2 & 1 \end{bmatrix} = 50$$

$$\Delta_2 = \det \begin{bmatrix} 1 & -11 & -1 \\ 2 & -7 & -2 \\ 4 & 6 & 1 \end{bmatrix} = 75$$

$$\Delta_3 = \det \begin{bmatrix} 1 & -3 & -11 \\ 2 & -1 & -7 \\ 4 & -2 & 6 \end{bmatrix} = 100$$

$$x = \frac{\Delta_1}{\Delta} = \frac{50}{25} = 2 \; ; \quad y = \frac{\Delta_2}{\Delta} = \frac{75}{25} = 3 \; ; \quad z = \frac{\Delta_3}{\Delta} = \frac{100}{25} = 4$$

10) Risolvere, se possibile, il sistema di equazioni di 1° grado a coefficienti interi nelle incognite x, y, z:

$$\begin{cases} x + 2y + 3z = 1 \\ 2x + 4y + 6z = 2 \\ 3x + 6y + 9z = 5 \end{cases}$$

$$\begin{bmatrix} 1 & 2 & 3 \\ 2 & 4 & 6 \\ 3 & 6 & 9 \end{bmatrix} \cdot \begin{bmatrix} x \\ y \\ z \end{bmatrix} = \begin{bmatrix} 1 \\ 2 \\ 5 \end{bmatrix} \qquad A = \begin{bmatrix} 1 & 2 & 3 \\ 2 & 4 & 6 \\ 3 & 6 & 9 \end{bmatrix}$$

Calcoliamo il determinante della matrice dei coefficienti:

$$\Delta = \det \begin{bmatrix} 1 & 2 & 3 \\ 2 & 4 & 6 \\ 3 & 6 & 9 \end{bmatrix} = 1 \cdot (36-36) - 2 \cdot (18-18) + 3(12-12) = 0$$

$$\Delta_1 = \det \begin{bmatrix} 1 & 2 & 3 \\ 2 & 4 & 6 \\ 5 & 6 & 9 \end{bmatrix} = 1 \cdot (36-36) - 2 \cdot (18-30) + 3(12-20) = 0$$

$$\Delta_2 = \det \begin{bmatrix} 1 & 1 & 3 \\ 2 & 2 & 6 \\ 3 & 5 & 9 \end{bmatrix} = 1 \cdot (18-30) - (18-18) + 3 \cdot (10-6) = 0$$

$$\Delta_3 = \det \begin{bmatrix} 1 & 2 & 1 \\ 2 & 4 & 2 \\ 3 & 6 & 5 \end{bmatrix} = (20-12) - 2(10-6) + 1(12-12) = 0$$

Per il teorema di Leibniz-Cramer non è possibile stabilire se il sistema è privo di soluzioni o infinite soluzioni. Ricorriamo al Teorema di Capelli:

$$rg(A) \geq 1$$

Per il teorema di Kronecker $rg(A) = 1 \iff$ tutti i minori di ordine 2 contenenti l'elemento $a_{11} = 1$ $(\neq 0)$ sono nulli:

$$M_1 = \det \begin{bmatrix} \textcircled{1} & 2 \\ 2 & 4 \end{bmatrix} = 4 - 4 = 0$$

$$M_2 = \det \begin{bmatrix} \textcircled{1} & 3 \\ 3 & 9 \end{bmatrix} = 9 - 9 = 0$$

$$M_3 = \det \begin{bmatrix} \textcircled{1} & 2 \\ 3 & 6 \end{bmatrix} = 6 - 6 = 0$$

$$M_4 = \det \begin{bmatrix} \textcircled{1} & 3 \\ 2 & 6 \end{bmatrix} = 6 - 6 = 0$$

$$M_5 = \det \begin{bmatrix} \textcircled{1} & 2 \\ 2 & 4 \end{bmatrix} = 4 - 4 = 0$$

Segue allora che $rg(A) = 1$

Consideriamo la matrice "orlata":

$$\tilde{A} = \begin{bmatrix} 1 & 2 & 3 & 1 \\ 2 & 4 & 6 & 2 \\ 3 & 6 & 9 & 5 \end{bmatrix}$$

Il $rg\,\tilde{A} \geq 2$ perchè esiste almeno un minore del $2°$ ordine diverso da zero:

$$M = \det \begin{bmatrix} 6 & 2 \\ 9 & 5 \end{bmatrix} = 30 - 18 = 12 \neq 0$$

Per il Teorema di Kronecker $rg(\tilde{A}) = 2 \iff$ tutti i minori di ordine 3 contenenti il minore suddetto $\begin{vmatrix} 6 & 2 \\ 9 & 5 \end{vmatrix}$ sono nulli:

$$N_1 = \det \begin{bmatrix} 1 & 3 & 1 \\ 2 & 6 & 2 \\ 3 & 9 & 5 \end{bmatrix} = 1 \cdot (30 - 18) - 3(10 - 6) + 1 \cdot (18 - 18) = 12 - 12 + 0 = 0$$

$$N_2 = \det \begin{bmatrix} 2 & 3 & 1 \\ 4 & 6 & 2 \\ 6 & 9 & 5 \end{bmatrix} = 2 \cdot (30 - 18) - 3(20 - 12) + 1(36 - 36) = 0$$

Segue che $rg(\tilde{A}) = 2$

Per il Teorema di Capelli, essendo $rg(A) \neq rg(\tilde{A})$ segue che il sistema dato è impossibile.

11) Risolvere il sistema lineare non omogeneo:

$$\begin{cases} x - 2y = 8 \\ y - 3z = -4 \\ 4z - 2t = \dfrac{7}{3} \\ 3x - t = \dfrac{13}{2} \end{cases}$$

$$\left[x = 2, \ y = -3, \ z = \frac{1}{3}, \ t = -\frac{1}{2} \right]$$

12) Risolvere il sistema lineare non omogeneo:

$$\begin{cases} 2x - 5y - 3z = -1 \\ x + 6y - 7z = -\dfrac{19}{30} \end{cases}$$

$$\left[rg(A) = rg(\tilde{A}) = 2 \ ; \ \text{il sistema possiede } \infty^1 \text{ soluzioni} \right]$$

13) Determinare $K \in \mathbb{R}$ in modo che il sistema lineare non omogeneo:

$$\begin{cases} 4x - Ky - z = 1 \\ Kx - y + 3z = 2 \\ -x + y - 3z = -1 \end{cases}$$

ammetta una e una sola soluzione

$$\left[K \neq -\frac{1}{3} \wedge K \neq 1 \right]$$

14) Studiare, al variare del parametro $K \in \mathbb{R}$, il sistema lineare non omogeneo nelle incognite x, y, z :

$$\begin{cases} Kx + y + z = 1 \\ x + Ky + z = K \\ x + y + Kz = K^2 \end{cases}$$

[Il sistema per $K \neq 1$ e per $K \neq -2$ ammette una e una sola soluzione,
per $K = 1$ ... il sistema è indeterminato (∞^2 soluzioni)
per $K = -2$ ... il sistema è impossibile]

15) Studiare, al variare del parametro $K \in \mathbb{R}$, il sistema lineare non omogeneo nelle incognite x, y, z :

$$\begin{cases} x - Ky - 2Kz = 3 \\ 2x - 3y + Kz = 1 \end{cases}$$

16) Studiare il sistema lineare non omogeneo:

$$\begin{cases} 2x - y - z - 4t = 9 \\ 4x - 3z - t = 0 \\ 8x - 2y - 5z - 9t = 18 \end{cases}$$

[il sistema ha ∞^2 soluzioni : $x = \dfrac{3}{4} z + \dfrac{1}{4} t$, $y = \dfrac{1}{2} z - \dfrac{7}{2} t - 9$ con t, z arbitrari]

17) Discutere il sistema di 4 equazioni lineari nelle incognite x, y, z:

$$\begin{cases} x - y = 1 \\ Ky + z = 0 \\ 2x - Kz = -1 \\ x + y + z = -1 \end{cases}$$

$$\begin{bmatrix} 1 & -1 & 0 \\ 0 & K & 1 \\ 2 & 0 & -K \\ 1 & 1 & 1 \end{bmatrix} \cdot \begin{bmatrix} x \\ y \\ z \end{bmatrix} = \begin{bmatrix} 1 \\ 0 \\ -1 \\ -1 \end{bmatrix}$$

$$A = \begin{bmatrix} 1 & -1 & 0 \\ 0 & K & 1 \\ 2 & 0 & -K \\ 1 & 1 & 1 \end{bmatrix} \qquad 1 \leq rgA \leq min(4;3) \implies 1 \leq rgA \leq 3$$

$$\tilde{A} = \begin{bmatrix} 1 & -1 & 0 & 1 \\ 0 & K & 1 & 0 \\ 2 & 0 & -K & -1 \\ 1 & 1 & 1 & -1 \end{bmatrix} \qquad 1 \leq rg\tilde{A} \leq min(4;4) \implies 1 \leq rg\tilde{A} \leq 4$$

Se $rg\tilde{A} = 4 \implies rg(\tilde{A}) \neq rg(A) \implies$ sistema è impossibile

$$rg\tilde{A} = 4 \iff det\tilde{A} \neq 0$$

$$det \begin{bmatrix} 1 & -1 & 0 & 1 \\ 0 & K & 1 & 0 \\ 2 & 0 & -K & -1 \\ 1 & 1 & 1 & -1 \end{bmatrix} \neq 0$$

$$2K^2 + 3K - 2 \neq 0$$

$$K_{1,2} = \frac{-3 \pm \sqrt{9 + 16}}{4} = \frac{-3 \pm 5}{4} \begin{cases} K_1 = \frac{-3-5}{4} = -2 \\ K_2 = \frac{-3+5}{4} = \frac{1}{2} \end{cases}$$

Il sistema è impossibile per $K \neq -2 \wedge K \neq \frac{1}{2}$.

Il sistema ammette soluzioni se e solo se $K = -2$ o $K = \frac{1}{2}$:

$$\begin{cases} x - y = 1 \\ -2y + z = 0 \\ 2x + 2z = -1 \\ x + y + z = -1 \end{cases} \qquad , \qquad \begin{cases} x - y = 1 \\ \frac{1}{2}y + z = 0 \\ 2x - \frac{1}{2}z = -1 \\ x + y + z = -1 \end{cases}$$

Si può verificare che ciascuno di questi sistemi ammette una e una sola soluzione;

il primo è soddisfatto per $x = \frac{1}{2}$, $y = -\frac{1}{2}$, $z = -1$

il secondo è soddisfatto per $x = -\frac{1}{3}$, $y = -\frac{4}{3}$, $z = \frac{2}{3}$.

18) Risolvere il sistema lineare omogeneo:

$$\begin{cases} -3x + y + z + t = 0 \\ x + 2y + 4z - t = 0 \\ -x + 5y + 9z - t = 0 \end{cases}$$

$\left[\text{Il sistema ha } \infty^2 \text{ soluzioni: } x = -\frac{2}{7}z + \frac{3}{7}t, \ y = -\frac{13}{7}z + \frac{2}{7}t, \ z, t \text{ arbitrari} \right]$

19) Risolvere il sistema lineare omogeneo:

$$\begin{cases} x + y + z = 0 \\ 2x + y - 3z = 0 \\ x + y = 0 \\ 4x + 5y + 2z = 0 \end{cases}$$

$\left[\text{Il sistema ha la sola soluzione } x = y = z = 0 \right]$

20) Risolvere il sistema lineare omogeneo:

$$\begin{cases} 2x + 6y + 5z + t = 0 \\ x + 4y + 3z + 2t = 0 \\ -x + 6y + 2z + 3t = 0 \\ 3x - 8y - z + 4t = 0 \end{cases}$$

[Il sistema ha ∞^1 soluzioni]

21) Risolvere il sistema lineare omogeneo:

$$\begin{cases} x + 2y + z - 3t = 0 \\ x + y - 2t = 0 \\ -6x + 3y + 5z + t = 0 \end{cases}$$

[Il sistema ha ∞^1 soluzioni]

22) Risolvere il seguente sistema di equazioni lineari non omogeneo

$$\begin{cases} x - y + z - t = 4 \\ 2x + y + 2t = 0 \\ -2y + 3z + t = 3 \\ 9x + 3y - 5z = 0 \end{cases}$$

[$x = 1,\ y = 2,\ z = 3,\ t = -2$]

23) Risolvere, se possibile il seguente sistema di eq. lineari non omogeneo:

$$\begin{cases} 2x - y + 3z = 5 \\ x + 3y - z = 7 \\ 3x + 2y + 2z = 1 \end{cases}$$

[Il sistema è impossibile]

ESERCIZIO SVOLTO

24) Risolvere il seguente sistema:

$$\begin{cases} x + 2y + z = 3 \\ x - y + z = 2 \\ 2x + y + 2z = 5 \\ x + 5y + z = 4 \end{cases}$$

$$\begin{bmatrix} 1 & 2 & 1 \\ 1 & -1 & 1 \\ 2 & 1 & 2 \\ 1 & 5 & 1 \end{bmatrix} \begin{bmatrix} x \\ y \\ z \end{bmatrix} = \begin{bmatrix} 3 \\ 2 \\ 5 \\ 4 \end{bmatrix}$$

$$A = \begin{bmatrix} 1 & 2 & 1 \\ 1 & -1 & 1 \\ 2 & 1 & 2 \\ 1 & 5 & 1 \end{bmatrix} \qquad \tilde{A} = \begin{bmatrix} 1 & 2 & 1 & 3 \\ 1 & -1 & 1 & 2 \\ 2 & 1 & 2 & 5 \\ 1 & 5 & 1 & 4 \end{bmatrix}$$

$1 \le rg(A) \le \min(4,3) \qquad 1 \le rg(\tilde{A}) \le 4$

$1 \le rg(A) \le 3$

In A esiste un minore $M_1 = \det \begin{bmatrix} 1 & 2 \\ 1 & -1 \end{bmatrix} = -1 - 2 = -3 \ne 0$

Per il Teorema di Kronecker: $rg(A) = 2 \iff$ sono nulli tutti i minori di ordine 3 che si possono estrarre dalle matrice data e contenenti la sottomatrice $\begin{bmatrix} 1 & 2 \\ 1 & -1 \end{bmatrix}$

43

I minori di A di ordine 3, contenenti $\begin{vmatrix} 1 & 2 \\ 1 & -1 \end{vmatrix}$ sono

$$H_1 = \det \begin{bmatrix} 1 & 2 & 1 \\ 1 & -1 & 1 \\ 2 & 1 & 2 \end{bmatrix} = 1 \cdot (-2-1) - 2(2-2) + 1(1+2) = -3+0+3 = 0$$

$$H_2 = \det \begin{bmatrix} 1 & 2 & 1 \\ 1 & -1 & 1 \\ 1 & 5 & 1 \end{bmatrix} = 1 \cdot (-1-5) - 2(1-1) + 1(5+1) = -6+0+6 = 0$$

$$\boxed{rg(A) = 2}$$

Calcoliamo il $rg(\tilde{A})$:

In $\tilde{A}$ esiste un minore di ordine 2, diverso da zero;

infatti $M_1 = \det \begin{bmatrix} 1 & 2 \\ 1 & -1 \end{bmatrix} = \underbrace{-1-2}_{-3} \neq 0$

Come precedentemente affermato $rg(\tilde{A}) = 2 \iff$ sono nulli tutti i minori di ordine 3, estratti dalla matrice $\tilde{A}$, contenenti $\begin{vmatrix} 1 & 2 \\ 1 & -1 \end{vmatrix}$

$$A_1 = \det \begin{bmatrix} 1 & 2 & 3 \\ 1 & -1 & 2 \\ 1 & 5 & 4 \end{bmatrix} = 1 \cdot \det \begin{bmatrix} -1 & 2 \\ 5 & 4 \end{bmatrix} - 2 \cdot \det \begin{bmatrix} 1 & 2 \\ 1 & 4 \end{bmatrix} + 3 \det \begin{bmatrix} 1 & -1 \\ 1 & 5 \end{bmatrix} =$$
$$= (-4-10) - 2 \cdot (4-2) + 3(5+1) = 0$$

$$A_2 = \det \begin{bmatrix} 1 & 2 & 1 \\ 1 & -1 & 1 \\ 1 & 5 & 1 \end{bmatrix} = 1 \cdot \det \begin{bmatrix} -1 & 1 \\ 5 & 1 \end{bmatrix} - 2 \det \begin{bmatrix} 1 & 1 \\ 1 & 1 \end{bmatrix} + \det \begin{bmatrix} 1 & -1 \\ 1 & 5 \end{bmatrix} =$$
$$= (-1-5) - 2(1-1) + (5+1) = 0$$

$$A_3 = \det \begin{bmatrix} 1 & 2 & 3 \\ 1 & -1 & 2 \\ 2 & 1 & 5 \end{bmatrix} = 1 \cdot \det \begin{bmatrix} -1 & 2 \\ 1 & 5 \end{bmatrix} - 2 \det \begin{bmatrix} 1 & 2 \\ 2 & 5 \end{bmatrix} + 3 \det \begin{bmatrix} 1 & -1 \\ 2 & 1 \end{bmatrix} =$$
$$= (-5-2) - 2(5-4) + 3(1+2) = 0$$

$$A_4 = \det \begin{bmatrix} 1 & 2 & 1 \\ 1 & -1 & 1 \\ 2 & 1 & 2 \end{bmatrix} = 1 \cdot \det \begin{bmatrix} -1 & 1 \\ 1 & 2 \end{bmatrix} - 2 \det \begin{bmatrix} 1 & 1 \\ 2 & 2 \end{bmatrix} + \det \begin{bmatrix} 1 & -1 \\ 2 & 1 \end{bmatrix} =$$
$$= (-2-1) - 2 \cdot (2-2) + (1+2) = 0$$

Segue che anche $rg(\tilde{A}) = 2$ e poiché $rg(A) = rg(\tilde{A})$

il sistema è compatibile (ammette soluzioni).

Per risolvere il sistema possiamo procedere con il

Metodo di eliminazione di Gauss

Il metodo di eliminazione di Gauss procede sulle righe di $\tilde{A}$

attraverso operazioni elementari sulle righe, pervenendo ad una

matrice triangolare superiore nel caso di una matrice quadrata.

Il metodo di eliminazione di Gauss si applica sulla matrice $\tilde{A}$:

$$\begin{bmatrix} 1 & 2 & 1 & | & 3 \\ 1 & -1 & 1 & | & 2 \\ 2 & 1 & 2 & | & 5 \\ 1 & 5 & 1 & | & 4 \end{bmatrix} \xrightarrow{R_2 \to R_1 - R_2} \begin{bmatrix} 1 & 2 & 1 & 3 \\ 0 & 3 & 0 & 1 \\ 2 & 1 & 2 & 5 \\ 1 & 5 & 1 & 4 \end{bmatrix} \xrightarrow{R_4 \to R_1 - R_4} \begin{bmatrix} 1 & 2 & 1 & 3 \\ 0 & 3 & 0 & 1 \\ 2 & 1 & 2 & 5 \\ 0 & -3 & 0 & -1 \end{bmatrix}$$

colonna dei termini noti

$$\xrightarrow{R_1 \to 2R_1} \begin{bmatrix} 2 & 4 & 2 & 6 \\ 0 & 3 & 0 & 1 \\ 2 & 1 & 2 & 5 \\ 0 & -3 & 0 & -1 \end{bmatrix} \xrightarrow{R_3 \to R_1 - R_3} \begin{bmatrix} 2 & 4 & 2 & 6 \\ 0 & 3 & 0 & 1 \\ 0 & 3 & 0 & 1 \\ 0 & -3 & 0 & -1 \end{bmatrix}$$

$$\xrightarrow{R_3 \to R_2 - R_3} \begin{bmatrix} 2 & 4 & 2 & 6 \\ 0 & 3 & 0 & 1 \\ 0 & 0 & 0 & 0 \\ 0 & -3 & 0 & -1 \end{bmatrix} \xrightarrow{R_3 \leftrightarrow R_4} \begin{bmatrix} 2 & 4 & 2 & 6 \\ 0 & 3 & 0 & 1 \\ 0 & -3 & 0 & -1 \\ 0 & 0 & 0 & 0 \end{bmatrix} \xrightarrow{R_3 \to R_3 + R_2}$$

$$\begin{bmatrix} 2 & 4 & 2 & 6 \\ 0 & 3 & 0 & 1 \\ 0 & 0 & 0 & 0 \\ 0 & 0 & 0 & 0 \end{bmatrix} \xrightarrow{R_1 \to \frac{1}{2}R_1} \begin{bmatrix} 1 & 2 & 1 & 3 \\ 0 & 3 & 0 & 1 \\ 0 & 0 & 0 & 0 \\ 0 & 0 & 0 & 0 \end{bmatrix}$$

Da questo risultato possiamo affermare che il sistema dato (in forma matriciale) è equivalente al seguente sistema:

$$\begin{bmatrix} 1 & 2 & 1 \\ 0 & 3 & 0 \\ 0 & 0 & 0 \\ 0 & 0 & 0 \end{bmatrix} \begin{bmatrix} x \\ y \\ z \end{bmatrix} = \begin{bmatrix} 3 \\ 1 \\ 0 \\ 0 \end{bmatrix}$$

$$\begin{cases} x + 2y + z = 3 \\ 3y = 1 \end{cases}$$

da cui

$$\begin{cases} y = 1/3 \\ x = -z - \dfrac{2}{3} + 3 \end{cases} \qquad \begin{cases} y = 1/3 \\ x = -z + \dfrac{7}{3} \end{cases}$$

Il sistema possiede ∞^1 soluzioni; le soluzioni del sistema sono tutte le terne:

$$\begin{cases} x = -\lambda + \dfrac{7}{3} \\ y = \dfrac{1}{3} \\ z = \lambda \end{cases} \qquad \text{con } \lambda \in \mathbb{R}$$

25) Studiare la compatibilità (la risolubilità) del seguente sistema
e se lo è risolverlo con il metodo di eliminazione di Gauss:

$$\begin{cases} x+y = 8 \\ x-2y = 2 \\ 2x-y = 10 \end{cases}$$

$$[x=6, \ y=2]$$

26) Studiare la compatibilità del seguente sistema e se lo è
risolverlo con il metodo di eliminazione di Gauss:

$$\begin{cases} x + 2y - z - 3t = 0 \\ -x + y + 5z + 8t = 8 \\ 2x + 4y + z = 7 \end{cases}$$

$$\left[\text{Il sistema ammette } \infty^1 \text{ soluzioni:} \right.$$
$$\left. \left(x = \frac{29}{9} - \lambda, \ y = \lambda - \frac{4}{9}, \ z = \frac{7}{3} - 2\lambda, \ t = \lambda\right) \ \text{con } \lambda \in \mathbb{R}\right]$$

27) Studiare la compatibilità del seguente sistema e se lo è risolverlo
con il metodo di eliminazione di Gauss:

$$\begin{cases} x - 3y + 5z = 0 \\ 2x - 4y + 2z = 0 \\ 5x - 11y + 9z = 0 \end{cases}$$

$$\left[\text{Il sistema ammette } \infty^1 \text{ soluzioni:} \right.$$
$$\left. (x = 7\lambda, \ y = 4\lambda, \ z = \lambda) \ \text{con } \lambda \in \mathbb{R}\right]$$

28) Risolvere il seguente sistema:

$$\begin{cases} y + z + t = 5 \\ x + z + t = 7 \\ x + y + t = 8 \\ x + y + z = 1 \end{cases}$$

$$[(x=2,\ y=0,\ z=-1,\ t=6)]$$

29) Studiare per quali valori del parametro reale λ il seguente sistema lineare e omogeneo è compatibile:

$$\begin{cases} (1-\lambda)\cdot x + 3y - z = 0 \\ 4x - \lambda y + z = 0 \\ x + 3y - (2+\lambda)z = 0 \end{cases}$$

30)* Studiare la compatibilità del seguente sistema lineare non omogeneo al variare del parametro reale λ

$$\begin{cases} x + y + \lambda\cdot z = 1 \\ x + z = 0 \\ x + y + \lambda^3 z = 3 \\ x + y + z = 0 \end{cases}$$

(*) più difficile.

<u>OSSERVAZIONE</u>

Per un sistema di equazioni lineari con m equazioni ed n incognite:

$$A \cdot X = B \quad , \quad \text{con } A \text{ matrice del tipo } m \times n$$

il procedimento di eliminazione di Gauss è simile a quello proposto per i sistemi lineari in cui A è una matrice quadrata del tipo $m \times m$. L'unica variante è dovuta al fatto che la matrice $\tilde{A}$ verrà trasformata in una <u>matrice a scala</u> e non triangolare superiore:

$$\begin{bmatrix} \boxed{P_1} & * & * & \cdots & & * & * & * \cdots * \\ 0 & 0 & 0 & \boxed{P_2} \cdots & & * & * & * \cdots * \\ 0 & 0 & 0 & 0 \cdots & \boxed{P_3} & * & * & * \cdots * \\ \vdots & 0 & 0 & 0 & & \cdots & & * \cdots * \\ \vdots & \vdots & 0 & 0 & 0 & \cdots & \boxed{P_r} & * \\ 0 & 0 & 0 & 0 \cdots & 0 & \cdots & & 0 & 0 \end{bmatrix} \qquad \text{con } P_1, P_2, \ldots, P_r \text{ } \underline{\text{non nulli}}$$

SPAZI VETTORIALI SUI REALI

L'insieme dei numeri reali, che indichiamo con $\mathbb{R}$, munito delle due operazioni binarie $+$ "somma" e $\cdot$ "prodotto", è un <u>CAMPO</u> in quanto è un ANELLO COMMUTATIVO tale che ogni suo elemento non nullo possiede inverso moltiplicativo.

Anche l'insieme dei numeri razionali $\mathbb{Q}$ è un campo.

Sia $\mathbb{R}^m$ l'insieme delle m-uple di numeri reali:

$$\overline{x} \in \mathbb{R}^m \iff \overline{x} = (x_1, x_2, \dots, x_m) \quad \text{con } x_1, x_2, \dots, x_m \in \mathbb{R}$$

Nell'insieme $\mathbb{R}^m$, i cui elementi sono <u>i vettori</u> $\overline{x} = (x_1, x_2, \dots, x_m)$, le cui <u>componenti</u> $x_1, x_2, \dots, x_m \in \mathbb{R}$ possiamo definire 2 operazioni di natura diversa, nel seguente modo:

① OPERAZIONE DI SOMMA

Siano $\overline{x} = (x_1, x_2, \dots, x_m) \in \mathbb{R}^m$ e $\overline{y} = (y_1, y_2, \dots, y_m) \in \mathbb{R}^m$; si definisce la somma $\overline{x} + \overline{y} \in \mathbb{R}^m$ nel seguente modo:

$$\overline{x} + \overline{y} \overset{def}{=} \left(x_1 + y_1, \ x_2 + y_2, \ \dots, \ x_m + y_m \right) \in \mathbb{R}^m$$

L'operazione di somma appena definita è un'<u>operazione binaria interna</u> perché sia i vettori dati, sia il risultato appartengono allo stesso insieme $\mathbb{R}^m$.

② OPERAZIONE DI PRODOTTO <u>PER UNO SCALARE</u>

Sia $\alpha \in \mathbb{R}$ un numero reale (detto scalare) e sia $\overline{x} = (x_1, x_2, \dots, x_m)$ un generico vettore di $\mathbb{R}^m$; si definisce il prodotto $\alpha \cdot \overline{x} \in \mathbb{R}^m$ nel seguente modo:

$$\alpha \overline{x} \overset{def}{=} (\alpha x_1, \alpha x_2, \dots, \alpha x_m) \in \mathbb{R}^m$$

Questa è una operazione __binaria__ ~~esterna~~ : binaria perchè opera su due elementi α e $\bar{x}$ ma è ~~esterna~~ porchè uno dei due elementi; lo scalare α, non appartiene all'insieme $\mathbb{R}^m$.

Le proprietà fondamentali di queste operazioni sono le seguenti:

I) $\exists$ un vettore $\bar{0} \in \mathbb{R}^m$ tale che $\bar{0} + \bar{x} = \bar{x} + \bar{0} = \bar{x}$, $\forall \bar{x} \in \mathbb{R}^m$.
Esso si chiama __vettore nullo__ e ha tutte le componenti nulle.
Il vettore $\bar{0}$ è unico.

II) $\forall \bar{x} \in \mathbb{R}^m$ esiste il vettore $-\bar{x} \in \mathbb{R}^m$ tale che $\bar{x} + (-\bar{x}) = \bar{0}$.
Esso si chiama __vettore opposto di $\bar{x}$__ ed ha per componenti gli opposti delle componenti di $\bar{x}$.
Il vettore $-\bar{x}$ è unico.

III) $\forall \bar{x}, \bar{y} \in \mathbb{R}^m$: $\bar{x} + \bar{y} = \bar{y} + \bar{x}$ (p. commutativa della somma)

IV) $\forall \bar{x}, \bar{y}, \bar{z} \in \mathbb{R}^m$: $(\bar{x} + \bar{y}) + \bar{z} = \bar{x} + (\bar{y} + \bar{z})$ (p. associativa della somma)

V) $\forall \bar{x} \in \mathbb{R}^m$: $1 \cdot \bar{x} = \bar{x}$

VI) $\forall \alpha, \beta \in \mathbb{R}$ e $\forall \bar{x} \in \mathbb{R}^m$: $(\alpha \cdot \beta) \cdot \bar{x} = \alpha \cdot (\beta \bar{x})$

$(\alpha + \beta) \cdot \bar{x} = \alpha \bar{x} + \beta \bar{x}$

VII) $\forall \alpha \in \mathbb{R}$ e $\forall \bar{x}, \bar{y} \in \mathbb{R}^m$: $\alpha \cdot (\bar{x} + \bar{y}) = \alpha \bar{x} + \alpha \bar{y}$ (p. distributiva della somma rispetto al prodotto per uno scalare)

__Definizione__ $\mathbb{R}^m$ munito delle due precedenti operazioni viene detto SPAZIO VETTORIALE su $\mathbb{R}$.

Più correttamente si dice che $\mathbb{R}^m$ è un esempio di spazio vettoriale su $\mathbb{R}$.

Le proprietà appena elencate permettono di operare sui vettori di $\mathbb{R}^m$ e possiamo estendere la somma da due a più vettori e possiamo combinare le due operazioni nel seguente modo:

Siano $\bar{v}_1, \bar{v}_2, \ldots, \bar{v}_k \in \mathbb{R}^m$ e siano $\alpha_1, \alpha_2, \ldots, \alpha_k \in \mathbb{R}$
allora risulta:

$$\bar{w} = \alpha_1 \bar{v}_1 + \alpha_2 \bar{v}_2 + \ldots + \alpha_k \bar{v}_k \in \mathbb{R}^m$$

Il vettore $\bar{w}$ si dice __combinazione lineare__ dei vettori $\bar{v}_1, \bar{v}_2, \ldots, \bar{v}_k$ con coefficienti $\alpha_1, \alpha_2, \ldots, \alpha_k$.

Fra i vari sottoinsiemi di $\mathbb{R}^m$ ve ne sono alcuni importantissimi detti SOTTOSPAZI VETTORIALI

Definizione

Un sottoinsieme $W \subset \mathbb{R}^m$ si dice SOTTOSPAZIO VETTORIALE DI $\mathbb{R}^m$ se:

1) $W \neq \phi$

2) W è chiuso rispetto alle operazioni di somma e di prodotto per uno scalare definite in $\mathbb{R}^m$ e cioè:

(i) $\forall \bar{w}_1, \bar{w}_2 \in W : \quad \bar{w}_1 + \bar{w}_2 \in W$

(ii) $\forall \alpha \in \mathbb{R}$ e $\forall \bar{w} \in W : \quad \alpha \cdot \bar{w} \in W$

Il sottoinsieme $W = \{\bar{o}\}$ costituito dal solo vettore nullo è un sottospazio di $\mathbb{R}^m$.

OSSERVAZIONE

Ogni sottospazio di $\mathbb{R}^m$ contiene il vettore $\bar{o}$.

__dim__

$\forall \bar{w} \in W : \quad -\bar{w} \in W$, essendo $-\bar{w} = (-1) \cdot \bar{w}$ (vale la prop. (ii))

Per la proprietà (i): $\underbrace{\bar{w} + (-\bar{w})}_{\overset{=}{\bar{o}}} \in W \;\Rightarrow\; \boxed{\bar{o} \in W}$

Procedimento per costruire sottospazi vettoriali:

<u>SOTTOSPAZIO GENERATO DA K VETTORI DI $\mathbb{R}^m$</u>

Siano $\bar{v}_1, \bar{v}_2, \ldots, \bar{v}_k$ K vettori di $\mathbb{R}^m$.

Sia $W \underset{df}{=} \{\alpha_1\bar{v}_1 + \alpha_2\bar{v}_2 + \ldots + \alpha_k\bar{v}_k : \alpha_1, \alpha_2, \ldots, \alpha_k \in \mathbb{R}\}$.

W è un <u>sottoinsieme di $\mathbb{R}^m$</u> che contiene infiniti elementi se almeno uno dei $\bar{v}_i$ con $i = 1, 2, \ldots, k$ è non nullo.

In particolare W contiene il "<u>sistema di generatori $\bar{v}_1, \bar{v}_2, \ldots, \bar{v}_k$</u>":

$\bar{v}_1$ si ottiene per $\alpha_1 = 1$, $\alpha_2 = 0, \ldots, \alpha_k = 0$

$\bar{v}_2$ si ottiene per $\alpha_1 = 0$, $\alpha_2 = 1, \ldots, \alpha_k = 0$

$\vdots$

$\bar{v}_k$ si ottiene per $\alpha_1 = 0$, $\alpha_2 = 0, \ldots \alpha_k = 1$

<u>Proposizione</u> W è un sottospazio di $\mathbb{R}^m$.

Per dimostrare che W sia un sottospazio vettoriale di $\mathbb{R}^m$ occorre verificare le proprietà (i) e (ii) della definizione di sottospazio:

(i) Siano $\bar{u}, \bar{v} \in W$: $\bar{u} = a_1\bar{v}_1 + a_2\bar{v}_2 + \ldots + a_k\bar{v}_k$ con $a_1, a_2, \ldots, a_k \in \mathbb{R}$

$\qquad\qquad\qquad \bar{v} = b_1\bar{v}_1 + b_2\bar{v}_2 + \ldots + b_k\bar{v}_k$ con $b_1, b_2, \ldots, b_k \in \mathbb{R}$

Si vuole verificare che $\bar{u} + \bar{v} \in W$:

$$\bar{u} + \bar{v} = (a_1\bar{v}_1 + a_2\bar{v}_2 + \ldots + a_k\bar{v}_k) + (b_1\bar{v}_1 + b_2\bar{v}_2 + \ldots + b_k\bar{v}_k) =$$

$$= \underbrace{(a_1 + b_1)}_{\alpha_1}\bar{v}_1 + \underbrace{(a_2 + b_2)}_{\alpha_2}\bar{v}_2 + \ldots + \underbrace{(a_k + b_k)}_{\alpha_k}\bar{v}_k$$

quindi: $\bar{u} + \bar{v} = \alpha_1\bar{v}_1 + \alpha_2\bar{v}_2 + \ldots + \alpha_k\bar{v}_k$ è una combinazione lineare dei generatori di W, segue che $\boxed{\bar{u} + \bar{v} \in W}$

(ii) Sia $\alpha \in \mathbb{R}$ e $\bar{v} \in W$; vogliamo verificare che $\alpha \cdot \bar{v} \in W$:

$$\alpha\bar{v} = \alpha(b_1\bar{v}_1 + b_2\bar{v}_2 + \ldots + b_k\bar{v}_k) = \underbrace{(\alpha b_1)}_{\beta_1}\bar{v}_1 + \underbrace{(\alpha b_2)}_{\beta_2}\bar{v}_2 + \ldots + \underbrace{(\alpha b_k)}_{\beta_k}\bar{v}_k =$$

$$= \beta_1\bar{v}_1 + \beta_2\bar{v}_2 + \ldots + \beta_k\bar{v}_k$$

quindi $\alpha \bar{v}$ è una combinazione lineare dei generatori di W, segue che $\boxed{\alpha \bar{v} \in W}$

Poiché sono soddisfatte le proprietà (i) e (ii) si può concludere che W è un sottospazio vettoriale di $\mathbb{R}^m$.

<u>ESERCIZIO</u>

Si considerino in $\mathbb{R}^3$ i vettori $\bar{x} = (2, 1, 0)$ e $\bar{y} = (-1, 3, 0)$.

- Scrivere il sottospazio vettoriale di $\mathbb{R}^3$ generato da $\bar{x}, \bar{y}$:

$$W = \left\{ \bar{w} \in \mathbb{R}^3 : \ \bar{w} = \alpha \bar{x} + \beta \bar{y} \ , \ \text{con } \alpha, \beta \in \mathbb{R} \right\} =$$

$$= \left\{ \bar{w} \in \mathbb{R}^3 : \ \bar{w} = \alpha \cdot (2, 1, 0) + \beta (-1, 3, 0) \ , \ \text{con } \alpha, \beta \in \mathbb{R} \right\} =$$

$$= \left\{ \bar{w} \in \mathbb{R}^3 : \ \bar{w} = \left(2\alpha - \beta, \ \alpha + 3\beta, \ 0 \right) \ , \ \text{con } \alpha, \beta \in \mathbb{R} \right\}$$

- $W = \mathbb{R}^3$?   La risposta è no, in quanto al variare di α, β i vettori che si ottengono hanno tutti la 3^a componente uguale a zero, mentre in $\mathbb{R}^3$ esistono vettori che hanno la 3^a componente diversa da zero.

<u>NOMENCLATURA</u>

A volte per indicare che il sottospazio vettoriale W è generato dai vettori $\bar{v}_1, \bar{v}_2, \ldots, \bar{v}_k \in \mathbb{R}^m$ si indica:

$$W = \mathcal{L}(\bar{v}_1, \bar{v}_2, \ldots, \bar{v}_k)$$

<u>COROLLARIO</u> <u>della proposizione precedente</u>

W è un sottospazio di $\mathbb{R}^m \iff \bar{0} \in W$ e $\forall \bar{v}, \bar{w} \in W$ e $\forall \alpha, \beta \in \mathbb{R}$:
$$\alpha \bar{v} + \beta \bar{w} \in W.$$

ESERCIZI

1) Si considerino i seguenti sottoinsiemi di $\mathbb{R}^3$:

$$V_1 = \left\{ \bar{\omega} \in \mathbb{R}^3 : \; \bar{\omega} = (\alpha, \alpha, \alpha) \text{ dove } \alpha \in \mathbb{R} \right\}$$

$$V_2 = \left\{ \bar{\omega} \in \mathbb{R}^3 : \; \bar{\omega} = (\alpha, \beta, \alpha) \text{ dove } \alpha, \beta \in \mathbb{R} \right\}$$

$$V_3 = \left\{ \bar{\omega} \in \mathbb{R}^3 : \; \bar{\omega} = (\alpha, 2\alpha, \alpha+\beta) \text{ dove } \alpha, \beta \in \mathbb{R} \right\}$$

$$V_4 = \left\{ \bar{\omega} \in \mathbb{R}^3 : \; \bar{\omega} = (\alpha, \beta, \alpha+\beta) \text{ dove } \alpha, \beta \in \mathbb{R} \right\}$$

Stabilire quali sono sottospazi di $\mathbb{R}^3$.

$\left[V_1, V_2, V_3, V_4 \text{ sono sottospazi di } \mathbb{R}^3 \right]$.

2) Si consideri i seguenti sottoinsiemi di $\mathbb{R}^4$:

$$V_1 = \left\{ \bar{\omega} \in \mathbb{R}^4 : \; \bar{\omega} = (\alpha, \beta, \gamma, \delta) \text{ con } \alpha+\beta+\gamma+\delta = 0 \text{ e } \alpha, \beta, \gamma, \delta \in \mathbb{R} \right\}$$

$$V_2 = \left\{ \bar{\omega} \in \mathbb{R}^4 : \; \bar{\omega} = (2, \alpha, \beta, \gamma) \text{ con } \alpha, \beta, \gamma \in \mathbb{R} \right\}$$

Stabilire quali sono sottospazi di $\mathbb{R}^4$.

$\left[V_1 \text{ è un sottospazio}, \; V_2 \text{ non è un sottospazio perché } \bar{0} \notin V_2 \right]$

3) Siano $\bar{v}_1 = (1,0,2)$ $\bar{v}_2 = (3,1,0)$ $\bar{v}_3 = (0,1,1)$ $\bar{v}_4 = (5,1,4)$ vettori di $\mathbb{R}^3$.

Scrivere i sottospazi $\mathcal{L}(\bar{v}_1)$, $\mathcal{L}(\bar{v}_2,\bar{v}_3)$, $\mathcal{L}(\bar{v}_3,\bar{v}_4)$, $\mathcal{L}(\bar{v}_1,\bar{v}_2)$, $\mathcal{L}(\bar{v}_4)$

4) Siano $V_1 = \{\bar{w} \in \mathbb{R}^4 : \bar{w} = (0,\alpha,\beta,\gamma)$ dove $\alpha,\beta,\gamma \in \mathbb{R}\}$

$V_2 = \{\bar{v} \in \mathbb{R}^4 : \bar{v} = (\alpha,\beta,\alpha,\gamma), \alpha,\beta,\gamma \in \mathbb{R}\}$

Verificare che V_1 e V_2 sono sottospazi di $\mathbb{R}^4$

COMBINAZIONI LINEARI
ESERCIZI

1) Scrivere il vettore $\bar{v} = (1,-2,5)$ come combinazione lineare dei vettori $\bar{v}_1 = (1,1,1)$, $\bar{v}_2 = (1,2,3)$, $\bar{v}_3 = (2,-1,1)$.

Svolgimento

Il vettore $\bar{v}$ è combinazione lineare di $\bar{v}_1, \bar{v}_2, \bar{v}_3$ se e solo se

$$\bar{v} \in \mathcal{L}(\bar{v}_1, \bar{v}_2, \bar{v}_3)$$

$$\mathcal{L}(\bar{v}_1, \bar{v}_2, \bar{v}_3) = \{\alpha\bar{v}_1 + \beta\bar{v}_2 + \gamma\bar{v}_3 : \alpha,\beta,\gamma \in \mathbb{R}\} =$$

$$= \{\alpha(1,1,1) + \beta(1,2,3) + \gamma(2,-1,1) : \alpha,\beta,\gamma \in \mathbb{R}\} =$$

$$= \{(\alpha+\beta+2\gamma, \alpha+2\beta-\gamma, \alpha+3\beta+\gamma) : \alpha,\beta,\gamma \in \mathbb{R}\}$$

$\bar{v} \in \mathscr{L}(\bar{v}_1, \bar{v}_2, \bar{v}_3) \iff$ esistono opportuni valori reali di α, β, γ tali che:

$$\begin{cases} \alpha + \beta + 2\gamma = 1 \\ \alpha + 2\beta - \gamma = -2 \\ \alpha + 3\beta + \gamma = 5 \end{cases}$$

Risolviamo il sistema (se è possibile) con i metodi precedentemente studiati:

$$\begin{bmatrix} 1 & 1 & 2 \\ 1 & 2 & -1 \\ 1 & 3 & 1 \end{bmatrix} \begin{bmatrix} x \\ y \\ z \end{bmatrix} = \begin{bmatrix} 1 \\ -2 \\ 5 \end{bmatrix}$$

$$\Delta = \det \begin{bmatrix} 1 & 1 & 2 \\ 1 & 2 & -1 \\ 1 & 3 & 1 \end{bmatrix} = 1 \cdot \det \begin{bmatrix} 2 & -1 \\ 3 & 1 \end{bmatrix} - \det \begin{bmatrix} 1 & -1 \\ 1 & 1 \end{bmatrix} + 2 \det \begin{bmatrix} 1 & 2 \\ 1 & 3 \end{bmatrix} =$$

$$= (2+3) - (1+1) + 2(3-2) = 5 - 2 + 2 = 5 \neq 0$$

Per il T. di Cramer il sistema di eq. lineari nelle incognite α, β, γ ammette una e una sola soluzione.

$$\Delta_1 = \det \begin{bmatrix} 1 & 1 & 2 \\ -2 & 2 & -1 \\ 5 & 3 & 1 \end{bmatrix} = 1 \cdot \det \begin{bmatrix} 2 & -1 \\ 3 & 1 \end{bmatrix} - \det \begin{bmatrix} -2 & -1 \\ 5 & 1 \end{bmatrix} + 2 \det \begin{bmatrix} -2 & 2 \\ 5 & 3 \end{bmatrix} =$$

$$= (2+3) - (-2+5) + 2 \cdot (-6-10) = 5 - 3 - 32 = -30$$

$$\Delta_2 = \det \begin{bmatrix} 1 & 1 & 2 \\ 1 & -2 & -1 \\ 1 & 5 & 1 \end{bmatrix} = 1 \cdot \det \begin{bmatrix} -2 & -1 \\ 5 & 1 \end{bmatrix} - \det \begin{bmatrix} 1 & -1 \\ 1 & 1 \end{bmatrix} + 2 \det \begin{bmatrix} 1 & -2 \\ 1 & 5 \end{bmatrix} =$$

$$= (-2+5) - (1+1) + 2(5+2) = 3 - 2 + 14 = 15$$

$$\Delta_3 = \det \begin{bmatrix} 1 & 1 & 1 \\ 1 & 2 & -2 \\ 1 & 3 & 5 \end{bmatrix} = 1 \cdot \det \begin{bmatrix} 2 & -2 \\ 3 & 5 \end{bmatrix} - \det \begin{bmatrix} 1 & -2 \\ 1 & 5 \end{bmatrix} + \det \begin{bmatrix} 1 & 2 \\ 1 & 3 \end{bmatrix} =$$

$$= (10+6) - (5+2) + (3-2) = 16 - 7 + 1 = 10$$

Segue che: $\quad \alpha = \dfrac{\Delta_1}{\Delta} = \dfrac{-30}{5} = -6 \qquad \beta = \dfrac{\Delta_2}{\Delta} = \dfrac{15}{5} = 3 \qquad \gamma = \dfrac{\Delta_3}{\Delta} = \dfrac{10}{5} = 2$

Quindi $\boxed{\bar{v} = -6\cdot\bar{v}_1 + 3\,\bar{v}_2 + 2\,\bar{v}_3}$

2) Scrivere il vettore $\bar{v}=(2,-5,3)\in\mathbb{R}^3$ come combinazione lineare
   dei vettori $\bar{v}_1=(1,-3,2)$ $\bar{v}_2=(2,-4,-1)$, $\bar{v}_3=(1,-5,7)$

   $[\,\bar{v}$ non si può scrivere come comb. lineare di $\bar{v}_1,\bar{v}_2,\bar{v}_3\,]$.

3) Per quali valori di $K\in\mathbb{R}$ il vettore $\bar{u}=(1,-2,K)\in\mathbb{R}^3$ è una
   combinazione lineare dei vettori $\bar{v}_1=(3,0,-2)$ e $\bar{v}_2=(2,-1,-5)$?
   $[K=-8]$

4) Consideriamo i vettori $\bar{v}_1=(1,-3,2)$ e $\bar{v}_2=(2,-1,1)$ di $\mathbb{R}^3$.
   (i) Scrivere il vettore $\bar{v}=(1,7,-4)$ come combinazione lineare di $\bar{v}_1$ e $\bar{v}_2$.
   (ii) Scrivere il vettore $\bar{w}=(2,-5,4)$ come combinazione lineare di $\bar{v}_1$ e $\bar{v}_2$
   (iii) Per quale valore di $K\in\mathbb{R}$ il vettore $\bar{u}=(1,K,5)$ è una combinazione
        lineare di $\bar{v}_1$ e $\bar{v}_2$?
   (iv) Trovare una condizione per α,β,γ in modo che il vettore (α,β,γ)
        sia una combinazione lineare di $\bar{v}_1$ e $\bar{v}_2$.

   $[\,(i)\ -3\bar{v}_1+2\bar{v}_2\ ;\ (ii)\ \text{impossibile};\ (iii)\ K=-8\ ;\ (iv)\ \alpha-3\beta-5\gamma=0\,]$

DIPENDENZA E INDIPENDENZA LINEARE

Definizione

Dato un insieme di vettori $\overline{v}_1, \overline{v}_2, \ldots, \overline{v}_k \in \mathbb{R}^m$ si dicono linearmente indipendenti se l'equazione:

$$\alpha_1 \overline{v}_1 + \alpha_2 \overline{v}_2 + \ldots + \alpha_k \overline{v}_k = \overline{0}$$

nelle incognite $\alpha_1, \alpha_2, \ldots, \alpha_k$ ammette la __sola__ soluzione $\alpha_1 = \alpha_2 = \ldots = \alpha_k = 0$

Essi si dicono linearmente dipendenti se l'equazione data ammette anche altre soluzioni in cui i coefficienti $\alpha_1, \alpha_2, \ldots \alpha_k$ non siano tutti nulli.

Esempio 1

Si considerino i vettori di $\mathbb{R}^4$:

$$\overline{e}_1 = (1,0,0,0) \quad \overline{e}_2 = (0,1,0,0) \quad \overline{e}_3 = (0,0,1,0) \quad \overline{e}_4 = (0,0,0,1)$$

Essi sono _linearmente indipendenti_; infatti:

$$\alpha_1 \overline{e}_1 + \alpha_2 \overline{e}_2 + \alpha_3 \overline{e}_3 + \alpha_4 \overline{e}_4 = \overline{0}$$

$$\alpha_1 (1,0,0,0) + \alpha_2 (0,1,0,0) + \alpha_3 (0,0,1,0) + \alpha_4 (0,0,0,1) = (0,0,0,0)$$

$$\begin{cases} \alpha_1 = 0 \\ \alpha_2 = 0 \\ \alpha_3 = 0 \\ \alpha_4 = 0 \end{cases} \quad \text{è l'unica soluzione possibile.}$$

Esempio 2

Verificare che i vettori $\bar{v}=(1,2,-1)$ e $\bar{u}=(\frac{1}{2},1,-\frac{1}{2})$ sono linearmente dipendenti.

$$\alpha\,\bar{v}+\beta\,\bar{u}=\bar{0}$$

$$\alpha\,(1,2,-1)+\beta\left(\tfrac{1}{2},1,-\tfrac{1}{2}\right)=(0,0,0)$$

$$\begin{cases} \alpha+\dfrac{1}{2}\beta=0 \\[4pt] 2\alpha+\beta=0 \\[4pt] -\alpha-\dfrac{1}{2}\beta=0 \end{cases}$$

$$\begin{bmatrix} 1 & \tfrac{1}{2} \\ 2 & 1 \\ -1 & -\tfrac{1}{2} \end{bmatrix}\begin{bmatrix} \alpha \\ \beta \end{bmatrix}=\begin{bmatrix} 0 \\ 0 \\ 0 \end{bmatrix}\;;\quad \text{sia}\quad A=\begin{bmatrix} 1 & \tfrac{1}{2} \\ 2 & 1 \\ -1 & -\tfrac{1}{2} \end{bmatrix}$$

$1\leq \mathrm{rg}\,A\leq 2$, fissando l'attenzione sull'elemento $a_{11}=1$, consideriamo tutti i minori di ordine 2 della matrice A che contengono l'elemento a_{11}:

$$M_1=\det\begin{bmatrix} 1 & \tfrac{1}{2} \\ 2 & 1 \end{bmatrix}\qquad M_2=\det\begin{bmatrix} 1 & \tfrac{1}{2} \\ -1 & -\tfrac{1}{2} \end{bmatrix}$$

$$M_1=1-1=0$$

$$M_2=-\tfrac{1}{2}+\tfrac{1}{2}=0$$

Per il Teorema di Kronecker $\mathrm{rg}\,A=1$, quindi il sistema ammette ∞^1 soluzioni.

$$\begin{bmatrix} 1 & \tfrac{1}{2} \\ 2 & 1 \\ -1 & -\tfrac{1}{2} \end{bmatrix}\xrightarrow{R_3\to R_1+R_3}\begin{bmatrix} 1 & \tfrac{1}{2} \\ 2 & 1 \\ 0 & 0 \end{bmatrix}\xrightarrow{R_2\to \frac{1}{2}R_2}\begin{bmatrix} 1 & \tfrac{1}{2} \\ 1 & \tfrac{1}{2} \\ 0 & 0 \end{bmatrix}\xrightarrow{R_2\to R_1-R_2}$$

$$\longrightarrow \begin{bmatrix} 1 & \frac{1}{2} \\ 0 & 0 \\ 0 & 0 \end{bmatrix}$$

La matrice A è equivalente alla matrice $\begin{bmatrix} 1 & \frac{1}{2} \\ 0 & 0 \\ 0 & 0 \end{bmatrix}$

$$\begin{bmatrix} 1 & \frac{1}{2} \\ 0 & 0 \\ 0 & 0 \end{bmatrix} \begin{bmatrix} \alpha \\ \beta \end{bmatrix} = \begin{bmatrix} 0 \\ 0 \\ 0 \end{bmatrix} \quad \Longleftrightarrow \quad \alpha + \frac{1}{2}\beta = 0 \quad \Longleftrightarrow \quad \alpha = -\frac{1}{2}\beta$$

Questo sistema, oltre alla soluzione $\alpha = 0$, $\beta = 0$ ammette, per esempio, anche la soluzione $\alpha = -\frac{1}{2}$, $\beta = 1$

I vettori dati sono quindi <u>linearmente dipendenti</u>.

ESERCIZI PROPOSTI

1) Per quali valori reali dei parametri a, b i seguenti vettori sono linearmente indipendenti ?

Siano $\overline{v}_1 = (a, 2, 0)$, $\overline{v}_2 = (1, -1, b)$, $\overline{v}_3 = (a, 1, 0) \in \mathbb{R}^3$

$[a \neq 0 \ e \ b \neq 0]$

2) Si considerino i vettori $\overline{v}_1 = (3, 4, 1, -5)$, $\overline{v}_2 = (2, 1, 1, -3)$, $\overline{v}_3 = (h, K+2, K+1, h)$, determinare h, K in modo che i 3 vettori siano linearmente indipendenti.

$[K = -6/5, \ h = -1/15]$

3) Siano $\overline{u}_1 = (\sqrt{2}, 1)$ e $\overline{u}_2 = (2, \sqrt{2}) \in \mathbb{R}^2$, verificare che sono linearmente indipendenti.

4) In ciascuno dei seguenti casi esprimere, se è possibile, il vettore $\overline{v} \in \mathbb{R}^3$ come combinazione lineare dei vettori $\overline{v}_1, \overline{v}_2$ e $\overline{v}_3$ e qualora ciò non fosse possibile, spiegarne il motivo:

i) $\bar{v}=(1,0,0)$ $\bar{v_1}=(1,1,1)$ $\bar{v_2}=(-1,0,0)$ $\bar{v_3}=(1,0,-1)$

ii) $\bar{v}=(1,0,0)$ $\bar{v_1}=(0,1,-1)$ $\bar{v_2}=(1,0,-1)$ $\bar{v_3}=(-1,0,1)$

iii) $\bar{v}=(1,1,1)$ $\bar{v_1}=(0,1,-1)$ $\bar{v_2}=(1,1,0)$ $\bar{v_3}=(1,0,2)$

iv) $\bar{v}=(0,0,1)$ $\bar{v_1}=(1,1,1)$ $\bar{v_2}=(-1,1,0)$ $\bar{v_3}=(0,1,-1)$

v) $\bar{v}=(0,0,1)$ $\bar{v_1}=(1,-1,1)$ $\bar{v_2}=(-1,1,0)$ $\bar{v_3}=(2,-2,-3)$

vi) $\bar{v}=(0,1,0)$ $\bar{v_1}=(1,-1,1)$ $\bar{v_2}=(-1,0,0)$ $\bar{v_3}=(2,-2,-3)$

$\Big[$ Risultati: (i) $\bar{v}=-\bar{v_2}$ (ii) no   (iii) $\bar{v}=\bar{v_1}+\bar{v_3}$

(iv) $\bar{v}=\frac{1}{3}\bar{v_1}-\frac{1}{3}\bar{v_2}-\frac{2}{3}\bar{v_3}$ (v) $\bar{v}=\bar{v_1}+\bar{v_2}=\frac{2}{5}\bar{v_1}-\frac{1}{5}\bar{v_3}=-\frac{2}{3}\bar{v_2}-\frac{1}{3}\bar{v_3}$

(vi) $\bar{v}=-\frac{3}{5}\bar{v_1}-\bar{v_2}-\frac{1}{5}\bar{v_3}$. $\Big]$

5) Siano dati i vettori $\bar{v}=(1,1,0,1)$ e $\bar{w}=(0,1,1,0)\in\mathbb{R}^4$; detto V lo spazio vettoriale generato da $\bar{v}$ e da $\bar{w}$.

a) Dire quali dei seguenti vettori appartengono a V:
$\bar{v_1}=(2,3,5,7)$, $\bar{v_2}=(2,5,3,2)$, $\bar{v_3}=(2,0,0,2)$

b) Quali condizioni devono verificare le componenti del vettore $\bar{x}=(x,y,z,t)$ affinché esso appartenga a V.

$$\Big[\ \bar{v_2}=2\bar{v}+3\bar{w}\ ;\ \ x-t=0\ e\ x+z-y=0\ \Big]$$

6) Considerati in $\mathbb{R}^4$ i vettori:
$\bar{v_1}=(1,1,0,0)$, $\bar{v_2}=(0,1,1,1)$, $\bar{v_3}=(1,0,-1,-1)$, $\bar{v_4}=(2,3,5,7)$, $\bar{v_5}=(1,6,5,5)$
$\bar{v_6}=(3,3,2,3)$

i) Verificare che $\bar{v_1}$ e $\bar{v_2}$ sono linearmente indipendenti.

ii) Determinare le condizioni a cui devono soddisfare le componenti

del generico vettore $\bar{v} = (x, y, z, t) \in \mathbb{R}^4$ affinché esso appartenga
al sottospazio $\mathcal{L}(\bar{v}_1, \bar{v}_2, \bar{v}_4) \underset{\text{df}}{=} W$.

iii) provare se i vettori $\bar{v}_5$ e $\bar{v}_6$ appartengono a W

iv) scrivere i vettori $\bar{v}_3$ e $\bar{v}_6$ come combinazioni lineari dei vettori $\bar{v}_1, \bar{v}_2, \bar{v}_4$.

$$\left[\text{(i) sono l. ind. (ii) } x - y + 3z - 2t = 0: \text{ (iv) } \bar{v}_5 = \bar{v}_1 + 5\bar{v}_2, \ \bar{v}_6 = 2\bar{v}_1 - \frac{1}{2}\bar{v}_2 + \frac{1}{2}\bar{v}_4 \right]$$

BASI PER I SOTTOSPAZI DI $\mathbb{R}^m$

Definizione

Sia W un sottospazio di $\mathbb{R}^m$. Un insieme ordinato di vettori $\overline{v}_1, \overline{v}_2, \overline{v}_3, \ldots, \overline{v}_k$ si dice <u>una base di W</u> se:

1) $W = \mathcal{L}(\overline{v}_1, \overline{v}_2, \ldots, \overline{v}_k)$ cioè i vettori dati sono un sistema di generatori per W.

2) i vettori $\overline{v}_1, \overline{v}_2, \ldots, \overline{v}_k$ sono linearmente indipendenti.

ESEMPIO

I vettori $\overline{e}_1 = (1, 0, \ldots, 0)$, $\overline{e}_2 = (0, 1, \ldots, 0)$, $\overline{e}_3 = (0, 0, 1, \ldots, 0)$, $\ldots$, $\overline{e}_m = (0, 0, \ldots, 1)$ sono una base per $\mathbb{R}^m$, che prende il nome di <u>base canonica</u>. Infatti ogni vettore $\overline{x} \in \mathbb{R}^m$ si può scrivere nella forma:

$$\overline{x} = \alpha_1 \overline{e}_1 + \alpha_2 \overline{e}_2 + \ldots + \alpha_m \overline{e}_m$$

dove $\alpha_1, \alpha_2, \ldots, \alpha_m$ sono le componenti di $\overline{x}$.

Quindi i vettori dati sono un sistema di generatori per $\mathbb{R}^m$, inoltre sono linearmente indipendenti in quanto l'equazione:

$$\alpha_1 \overline{e}_1 + \alpha_2 \overline{e}_2 + \alpha_3 \overline{e}_3 + \ldots + \alpha_m \overline{e}_m = \overline{0}$$

è verificata solo per $\alpha_1 = \alpha_2 = \ldots = \alpha_m = 0$.

Proposizione

Se $\overline{v}_1, \overline{v}_2, \ldots, \overline{v}_R$ sono una base per il sottospazio $W \subseteq \mathbb{R}^m$, ogni vettore $\overline{w} \in W$ si esprime in modo unico come combinazione lineare dei vettori della base, in altre parole, i coefficienti che lo esprimono in tale base sono <u>unici</u>.

"

dimostrazione

Supponiamo che $\overline{w}$ si possa scrivere simultaneamente in 2 modi differenti:

$$\overline{w} = \alpha_1 \overline{v}_1 + \alpha_2 \overline{v}_2 + \alpha_3 \overline{v}_3 + \ldots + \alpha_h \overline{v}_h$$

$$\overline{w} = \beta_1 \overline{v}_1 + \beta_2 \overline{v}_2 + \beta_3 \overline{v}_3 + \ldots + \beta_h \overline{v}_h$$

Segue allora che:

$$\alpha_1 \overline{v}_1 + \alpha_2 \overline{v}_2 + \ldots + \alpha_h \overline{v}_h = \beta_1 \overline{v}_1 + \beta_2 \overline{v}_2 + \ldots + \beta_h \overline{v}_h$$

da cui

$$(\alpha_1 - \beta_1)\overline{v}_1 + (\alpha_2 - \beta_2)\overline{v}_2 + \ldots + (\alpha_h - \beta_h)\overline{v} = \overline{0}$$

Essendo i vettori $\overline{v}_1, \overline{v}_2, \ldots, \overline{v}_h$ linearmente indipendenti, deve essere necessariamente:

$$\alpha_1 - \beta_1 = 0$$
$$\alpha_2 - \beta_2 = 0$$
$$\vdots$$
$$\alpha_h - \beta_h = 0$$

da cui $\alpha_1 = \beta_1$, $\alpha_2 = \beta_2$, $\ldots$, $\alpha_h = \beta_h$ (c.v.d.)

<u>OSSERVAZIONE</u>

Per uno stesso sottospazio vettoriale W possono esistere più basi distinte.

<u>TEOREMA</u>

Se il sottospazio $W \subseteq \mathbb{R}^m$ ammette 2 basi $\overline{v}_1, \overline{v}_2, \ldots, \overline{v}_h$ e $\overline{w}_1, \overline{w}_2, \ldots, \overline{w}_k$ allora $h = k$

<u>TEOREMA</u>

Se W è un sottospazio vettoriale di $\mathbb{R}^m$. Allora $\dim W \leq m$.
In particolare se $\dim W = m \implies W = \mathbb{R}^m$.

<u>PROPOSIZIONE</u>

Dati i vettori $\overline{v}_1, \overline{v}_2, \ldots, \overline{v}_k$ di $\mathbb{R}^m$, linearmente indipendenti, con $k \leq m$, è sempre possibile completarli ad una base di $\mathbb{R}^m$, aggiungendo $m-k$ opportuni vettori della base canonica.

I vettori $\bar{v}_1, \bar{v}_2, \ldots, \bar{v}_K$ sono vettori di W e ne costituiscono una base; analogamente i vettori $\bar{w}_1, \bar{w}_2, \ldots, \bar{w}_K$ appartengono a W e ne costituiscono un'altra base.

Ogni vettore $\bar{v}_1, \bar{v}_2, \ldots, \bar{v}_K$ si può esprimere in modo unico come combinazione lineare dei vettori $\bar{w}_1, \bar{w}_2, \ldots, \bar{w}_K$:

$$\bar{v}_1 = C_{11}\bar{w}_1 + C_{12}\bar{w}_2 + \ldots + C_{1K}\bar{w}_K$$

$$\bar{v}_2 = C_{21}\bar{w}_1 + C_{22}\bar{w}_2 + \ldots + C_{2K}\bar{w}_K$$

$$\vdots$$

$$\bar{v}_K = C_{K1}\bar{w}_1 + C_{K2}\bar{w}_2 + \ldots + C_{KK}\bar{w}_K$$

$$M \stackrel{df}{=} \begin{bmatrix} C_{11} & C_{12} & \ldots & C_{12} \\ C_{21} & C_{22} & \ldots & C_{22} \\ \vdots & & & \\ C_{K1} & C_{K2} & \ldots & C_{KK} \end{bmatrix}$$

I vettori $\bar{v}_1, \bar{v}_2, \ldots, \bar{v}_K$ sono linearmente indipendenti questo significa che l'equazione:

$$\alpha_1 \bar{v}_1 + \alpha_2 \bar{v}_2 + \ldots + \alpha_K \bar{v}_K = \bar{0} \quad \text{ammette la \underline{sola soluzione}}$$

$$\alpha_1 = \alpha_2 = \ldots = \alpha_K = 0$$

$$\alpha_1\left(C_{11}\bar{w}_1 + C_{12}\bar{w}_2 + \ldots + C_{1K}\bar{w}_K\right) + \alpha_2\left(C_{21}\bar{w}_1 + C_{22}\bar{w}_2 + \ldots + C_{2K}\bar{w}_K\right) + \ldots +$$

$$+ \alpha_K\left(C_{K1}\bar{w}_1 + C_{K2}\bar{w}_2 + \ldots + C_{KK}\bar{w}_K\right) = \bar{0}$$

$$\left(C_{11}\alpha_1 + C_{21}\alpha_2 + \ldots + C_{K1}\alpha_K\right)\bar{w}_1 + \left(C_{12}\alpha_1 + C_{22}\alpha_2 + \ldots + C_{K2}\alpha_K\right)\bar{w}_2 + \ldots +$$

$$+ \left(C_{1K}\alpha_1 + C_{2K}\alpha_2 + \ldots + C_{KK}\alpha_K\right)\bar{w}_K = \bar{0}$$

I vettori $\bar{w}_1, \bar{w}_2, \ldots, \bar{w}_K$ sono linearmente indipendenti, formando una base; segue che la precedente equazione ammette come unica soluzione:

$$\begin{cases} C_{11}\,\alpha_1 + C_{21}\,\alpha_2 + \ldots + C_{K1}\,\alpha_K = 0 \\[4pt] C_{12}\,\alpha_1 + C_{22}\,\alpha_2 + \ldots + C_{K2}\,\alpha_K = 0 \\[4pt] \quad\vdots \\[4pt] C_{1K}\,\alpha_1 + C_{2K}\,\alpha_2 + \ldots + C_{KK}\,\alpha_K = 0 \end{cases}$$

Poichè l'unica soluzione del sistema è $\alpha_1 = \alpha_2 = \ldots = \alpha_K = 0$, per il Teorema di Cramer:

$$\det \begin{bmatrix} C_{11} & C_{21} & \ldots & C_{K1} \\ C_{12} & C_{22} & \ldots & C_{K2} \\ \vdots & & & \\ C_{1K} & C_{2K} & \ldots & C_{KK} \end{bmatrix} \neq 0 \,.$$

Se così non fosse il sistema ammetterebbe infinite soluzioni e questo sarebbe assurdo perchè implicherebbe la dipendenza lineare dei vettori $\bar{v}_1, \ldots, \bar{v}_K$.

$$\text{Sia } M^t = \begin{bmatrix} C_{11} & C_{21} & \ldots & C_{K1} \\ C_{12} & C_{22} & \ldots & C_{K\ell} \\ \vdots & & & \\ C_{1K} & C_{2K} & \ldots & C_{KK} \end{bmatrix}$$

Sia $\bar{v} \in W \;\Rightarrow\; \bar{v} = \alpha_1 \bar{v}_1 + \alpha_2 \bar{v}_2 + \ldots + \alpha_K \bar{v}_K =$

$$= \alpha_1 \big(C_{11}\bar{w}_1 + C_{12}\bar{w}_2 + \ldots + C_{1K}\bar{w}_K \big) + \alpha_2 \big(C_{21}\bar{w}_1 + C_{22}\bar{w}_2 + \ldots + C_{2K}\bar{w}_K \big) + \ldots +$$

$$+ \alpha_K \big(C_{K1}\bar{w}_1 + C_{K2}\bar{w}_2 + \ldots + C_{KK}\bar{w}_K \big) =$$

$$= \big(\alpha_1 C_{11} + \alpha_2 C_{21} + \ldots + \alpha_K C_{K1} \big)\bar{w}_1 + \big(\alpha_1 C_{12} + \alpha_2 C_{22} + \ldots + \alpha_K C_{K\ell} \big)\bar{w}_2 + \ldots +$$

$$+ \big(\alpha_1 C_{1K} + \alpha_2 C_{2K} + \ldots + \alpha_K C_{KK} \big)\bar{w}_K$$

Poichè $\{\bar{w}_1, \bar{w}_2, \ldots, \bar{w}_K\}$ è un'altra base di $W \;\Rightarrow\; \bar{v} = \beta_1 \bar{w}_1 + \beta_2 \bar{w}_2 + \ldots + \beta_K \bar{w}_K$.

Per l'unicità della combinazione lineare dei vettori della base:

$$\begin{cases} \alpha_1 C_{11} + \alpha_2 C_{21} + \ldots + \alpha_K C_{K1} = \beta_1 \\[3pt] \alpha_1 C_{12} + \alpha_2 C_{22} + \ldots + \alpha_K C_{K\ell} = \beta_2 \\[3pt] \quad\vdots \\[3pt] \alpha_1 C_{1K} + \alpha_2 C_{2K} + \ldots + \alpha_K C_{KK} = \beta_K \end{cases} \text{ in forma matriciale } \begin{bmatrix} C_{11} & C_{21} & \ldots & C_{K1} \\ C_{12} & C_{22} & \ldots & C_{K\ell} \\ \vdots & & & \\ C_{1K} & C_{2K} & \ldots & C_{KK} \end{bmatrix} \begin{bmatrix} \alpha_1 \\ \alpha_2 \\ \vdots \\ \alpha_K \end{bmatrix} = \begin{bmatrix} \beta_1 \\ \beta_2 \\ \vdots \\ \beta_K \end{bmatrix}$$

$$\boxed{M^t \cdot \bar{\alpha} = \bar{\beta}}$$

Definizione

Sia $W \subset \mathbb{R}^m$ un sottospazio vettoriale di $\mathbb{R}^m$, si chiama dimensione di W e si indica con $\dim(W)$, il numero degli elementi di una sua qualsiasi base.

Si pone $\dim(W) = 0$ se $W = \{0\}$.

Nell'esempio precedente: $\dim(\mathbb{R}^m) = m$.

Proposizione

Sia A una matrice di tipo $m \times n$ e sia r il suo rango.
Sia S una riduzione a scala di A. Allora:

a) i vettori riga di S: $\bar{s}_1, \bar{s}_2, \ldots, \bar{s}_r$ <u>sono una base</u> per il sottospazio $\mathcal{L}(\bar{a}_1, \bar{a}_2, \ldots, \bar{a}_m)$ generato dai vettori riga: $\bar{a}_1, \bar{a}_2, \ldots, \bar{a}_m$ della matrice A e quindi:

$$\mathcal{L}(\bar{a}_1, \bar{a}_2, \ldots, \bar{a}_m) = \mathcal{L}(\bar{s}_1, \bar{s}_2, \ldots, \bar{s}_r)$$

B) il rango di A è il numero massimo di vettori riga di A che sono linearmente indipendenti.

Problema

Dati k vettori di $\mathbb{R}^m$ come si fa a verificare che sono linearmente indipendenti?
Come si fa a determinare una base per il sottospazio da essi generato?

RISPOSTA

1) Scriviamo i K vettori: $\bar{a}_1, \bar{a}_2, \ldots, \bar{a}_K$ come vettori riga di una matrice A.
La matrice è del tipo $K \times m$.

2) Effettuiamo su A una riduzione a scala, ottenendo la matrice S

3) Calcoliamo il rango di A tramite la matrice S.

4) Se $r = K$ i vettori dati sono linearmente indipendenti.
Se $r < K$ i vettori sono dipendenti

5) Una base per lo spazio $\mathcal{L}(\bar{a}_1, \bar{a}_2, \ldots, \bar{a}_K)$ è data dai vettori riga non nulli della matrice S.

TEOREMA

Sia W un sottospazio vettoriale di $\mathbb{R}^m$, di dimensione $m \leq n$.
Un insieme di vettori di W, con m elementi, linearmente indipendenti è una base di W.

ESEMPIO

Siano $\bar{w}_1 = (1,1,1,1)$, $\bar{w}_2 = (0,1,1,1)$, $\bar{w}_3 = (0,0,1,1)$, $\bar{w}_4 = (0,0,0,1)$ quattro vettori di $\mathbb{R}^4$.
Tali vettori formano una base di $\mathbb{R}^4$?
Costruiamo la matrice, avente per righe i vettori dati:

$$A = \begin{bmatrix} 1 & 1 & 1 & 1 \\ 0 & 1 & 1 & 1 \\ 0 & 0 & 1 & 1 \\ 0 & 0 & 0 & 1 \end{bmatrix}$$

Poiché i 4 vettori formano una matrice quadrata a scala, $rg(A) = 4$
$\Longmapsto$ i vettori $\bar{w}_1, \bar{w}_2, \bar{w}_3, \bar{w}_4$ sono linearmente indipendenti in $\mathbb{R}^4$.
Lo spazio vettoriale $\mathbb{R}^4$ ha dimensione 4 $\Longrightarrow$ $\bar{w}_1, \bar{w}_2, \bar{w}_3, \bar{w}_3$ formano una base di $\mathbb{R}^4$

ESERCIZIO

Sia W il sottospazio di $\mathbb{R}^4$ generato dai vettori:

$$\overline{v}_1 = (1, -2, 5, -3) \quad , \quad \overline{v}_2 = (2, 3, 1, -4) \quad , \quad \overline{v}_3 = (3, 8, -3, -5)$$

(i) Trovare una base e la dimensione di W

(ii) Estendere la base di W a base dell'intero spazio vettoriale $\mathbb{R}^4$.

Svolgimento

(i) Formiamo la matrice le cui righe sono i vettori dati:

$$A = \begin{bmatrix} 1 & -2 & 5 & -3 \\ 2 & 3 & 1 & -4 \\ 3 & 8 & -3 & -5 \end{bmatrix} \xrightarrow{R_1 \to 2R_1} \begin{bmatrix} 2 & -4 & 10 & -6 \\ 2 & 3 & 1 & -4 \\ 3 & 8 & -3 & -5 \end{bmatrix} \xrightarrow{R_2 \to R_1 - R_2} \begin{bmatrix} 2 & -4 & 10 & -6 \\ 0 & -7 & 9 & -2 \\ 3 & 8 & -3 & -5 \end{bmatrix}$$

$$\xrightarrow{R_1 \to \frac{1}{2}R_1} \begin{bmatrix} 1 & -2 & 5 & -3 \\ 0 & -7 & 9 & -2 \\ 3 & 8 & -3 & -5 \end{bmatrix} \xrightarrow{R_1 \to 3R_1} \begin{bmatrix} 3 & -6 & 15 & -9 \\ 0 & -7 & 9 & -2 \\ 3 & 8 & -3 & -5 \end{bmatrix} \xrightarrow{R_3 \to R_1 - R_3}$$

$$\begin{bmatrix} 3 & -6 & 15 & -9 \\ 0 & -7 & 9 & -2 \\ 0 & -14 & 18 & -4 \end{bmatrix} \xrightarrow[R_1 \to \frac{1}{3}R_1]{R_3 \to -\frac{1}{2}R_3} \begin{bmatrix} 1 & -2 & 5 & -3 \\ 0 & -7 & 9 & -2 \\ 0 & 7 & -9 & 2 \end{bmatrix} \xrightarrow{R_3 \to R_3 + R_2} \begin{bmatrix} 1 & -2 & 5 & -3 \\ 0 & -7 & 9 & -2 \\ 0 & 0 & 0 & 0 \end{bmatrix}$$

$$\text{rg} \begin{bmatrix} 1 & -2 & 5 & -3 \\ 0 & -7 & 9 & -2 \\ 0 & 0 & 0 & 0 \end{bmatrix} = 2$$

Segue che le righe $\overline{w}_1 = (1, -2, 5, -3)$ e $\overline{w}_2 = (0, -7, 9, -2)$ formano una base del sottospazio vettoriale W.

(ii) Estendere la base $\mathcal{B} = \{\overline{w}_1, \overline{w}_2\}$ di W ad una base dell'intero spazio $\mathbb{R}^4$ occorre cercare 4 vettori linearmente indipendenti che comprendano i suddetti 2.

Per esempio i vettori $\overline{w}_1 = (1, -2, 5, -3)$, $\overline{w}_2 = (0, -7, 9, -2)$, $\overline{w}_3 = (0, 0, 1, 0)$ $\overline{w}_4 = (0, 0, 0, 1)$ formano una matrice a gradini, quindi sono linearmente indipendenti e costituiscono una base di $\mathbb{R}^4$ che è un'estensione della base di W.

<u>SISTEMI LINEARI OMOGENEI</u>

Consideriamo un sistema di m equazioni lineari in m incognite su $\mathbb{R}$, omogeneo:

$$\begin{cases} a_{11}x_1 + a_{12}x_2 + \ldots + a_{1m}x_m = 0 \\ a_{21}x_1 + a_{22}x_2 + \ldots + a_{2m}x_m = 0 \\ \;\vdots \\ a_{m1}x_1 + a_{m2}x_2 + \ldots + a_{mm}x_m = 0 \end{cases} \qquad (m \leq m)$$

che in forma matriciale risulta:

$$\underbrace{\begin{bmatrix} a_{11} & a_{12} & \ldots & a_{1m} \\ a_{21} & a_{22} & \ldots & a_{2m} \\ \vdots & & & \\ a_{m1} & a_{m2} & \ldots & a_{mm} \end{bmatrix}}_{A} \underbrace{\begin{bmatrix} x_1 \\ x_2 \\ \vdots \\ x_m \end{bmatrix}}_{\overline{x}} = \underbrace{\begin{bmatrix} 0 \\ 0 \\ \vdots \\ 0 \end{bmatrix}}_{\overline{0}}$$

$$A\,\overline{x} = \overline{0}$$

Sia W è l'insieme delle soluzioni del sistema omogeneo.

<u>W è un sottospazio vettoriale di $\mathbb{R}^m$</u>, chiamato SPAZIO SOLUZIONE.

<u>TEOREMA</u> Lo spazio soluzione W del sistema omogeneo di equazioni lineari $A\overline{x}=\overline{0}$ ha dimensione $m-r$, in cui m è il numero delle incognite ed r è il rango della matrice dei coefficienti A.

ESEMPIO

Sia W lo SPAZIO SOLUZIONE del sistema di equazioni lineari:

$$\begin{cases} x + 2y - 4z + 3t - s = 0 \\ x + 2y - 2z + 2t + s = 0 \\ 2x + 4y - 2z + 3t + 4s = 0 \end{cases}$$

Trovare la dimensione e una base per lo spazio soluzione W.

Svolgimento

$$\begin{bmatrix} 1 & 2 & -4 & 3 & -1 \\ 1 & 2 & -2 & 2 & 1 \\ 2 & 4 & -2 & 3 & 4 \end{bmatrix} \begin{bmatrix} x \\ y \\ z \\ t \\ s \end{bmatrix} = \begin{bmatrix} 0 \\ 0 \\ 0 \end{bmatrix}$$

$m = 5$ (numero delle incognite)

$$\begin{bmatrix} 1 & 2 & -4 & 3 & -1 \\ 1 & 2 & -2 & 2 & 1 \\ 2 & 4 & -2 & 3 & 4 \end{bmatrix} \xrightarrow{R_2 \to R_1 - R_2} \begin{bmatrix} 1 & 2 & -4 & 3 & -1 \\ 0 & 0 & -2 & 1 & -2 \\ 2 & 4 & -2 & 3 & 4 \end{bmatrix} \xrightarrow{R_1 \to 2R_1}$$

$$\begin{bmatrix} 2 & 4 & -8 & 6 & -2 \\ 0 & 0 & -2 & 1 & -2 \\ 2 & 4 & -2 & 3 & 4 \end{bmatrix} \xrightarrow{R_3 \to R_1 - R_3} \begin{bmatrix} 2 & 4 & -8 & 6 & -2 \\ 0 & 0 & -2 & 1 & -2 \\ 0 & 0 & -6 & 3 & -6 \end{bmatrix} \xrightarrow{R_3 \to -\frac{1}{3}R_3}$$

$$\begin{bmatrix} 2 & 4 & -8 & 6 & -2 \\ 0 & 0 & -2 & 1 & -2 \\ 0 & 0 & 2 & -1 & 2 \end{bmatrix} \begin{array}{c} \xrightarrow{R_1 \to \frac{1}{2}R_1} \\ \xrightarrow{R_3 \to R_2 + R_3} \end{array} \begin{bmatrix} 1 & 2 & -4 & 3 & -1 \\ 0 & 0 & -2 & 1 & -2 \\ 0 & 0 & 0 & 0 & 0 \end{bmatrix}$$

$$\text{rg} \begin{bmatrix} 1 & 2 & -4 & 3 & -1 \\ 0 & 0 & -2 & 1 & -2 \\ 0 & 0 & 0 & 0 & 0 \end{bmatrix} = 2$$

Lo SPAZIO SOLUZIONE ha $\dim(W) = 5 - 2 = 3$

Troviamo una base di W

$$\begin{cases} x + 2y - 4z + 3t - s = 0 \\ -2z + t - 2s = 0 \end{cases}$$

$$\begin{cases} x + 2y - 4z + 3t - s = 0 \\ t = 2z + 2s \end{cases}$$

$$\begin{cases} x + 2y - 4z + 3(2z + 2s) - s = 0 \\ t = 2z + 2s \end{cases}$$

$$\begin{cases} x + 2y - 4z + 6z + 6s - s = 0 \\ t = 2z + 2s \end{cases}$$

$$\begin{cases} x + 2y + 2z + 5s = 0 \\ t = 2z + 2s \end{cases}$$

$$\begin{cases} x = -2y - 2z - 5s \\ t = 2z + 2s \end{cases}$$

$$\begin{cases} x = -2\lambda_1 - 2\lambda_2 - 5\lambda_3 \\ y = \lambda_1 \\ z = \lambda_2 \\ t = 2\lambda_2 + 2\lambda_3 \\ s = \lambda_3 \end{cases}$$

$$\begin{bmatrix} x \\ y \\ z \\ t \\ s \end{bmatrix} = \lambda_1 \begin{bmatrix} -2 \\ 1 \\ 0 \\ 0 \\ 0 \end{bmatrix} + \lambda_2 \begin{bmatrix} -2 \\ 0 \\ 1 \\ 2 \\ 0 \end{bmatrix} + \lambda_3 \begin{bmatrix} -5 \\ 0 \\ 0 \\ 2 \\ 1 \end{bmatrix}$$

Ogni vettore $\bar{x}$, soluzione dell'equazione $A\bar{x} = \bar{0}$ è combinazione lineare dei vettori:

$$\overline{w}_1 = (-2, 1, 0, 0, 0) \;,\; \overline{w}_2 = (-2, 0, 1, 2, 0) \;,\; \overline{w}_3 = (-5, 0, 0, 2, 1)$$

<u>ESERCIZI</u>

1) Trovare la dimensione e una base dello spazio soluzione W del sistema:

$$\begin{cases} x + 2y + 2z - s + 3t = 0 \\ x + 2y + 3z + s + t = 0 \\ 3x + 6y + 8z + s + 5t = 0 \end{cases}$$

$$[\dim W = 3]$$

2) Trovare un sistema omogeneo il cui insieme soluzione W sia generato da $\left\{ \underbrace{(1,-2,0,3)}_{\overline{v}_1}, \underbrace{(1,-1,-1,4)}_{\overline{v}_2}, \underbrace{(1,0,-2,5)}_{\overline{v}_3} \right\}$

<u>Svolgimento</u>

$\overline{x} \in W \iff \overline{x} = \lambda_1 \overline{v}_1 + \lambda_2 \overline{v}_2 + \lambda_3 \overline{v}_3$ per opportuni $\lambda_1, \lambda_2, \lambda_3 \in \mathbb{R}$

$$\begin{bmatrix} x \\ y \\ z \\ t \end{bmatrix} = \lambda_1 \begin{bmatrix} 1 \\ -2 \\ 0 \\ 3 \end{bmatrix} + \lambda_2 \begin{bmatrix} 1 \\ -1 \\ -1 \\ 4 \end{bmatrix} + \lambda_3 \begin{bmatrix} 1 \\ 0 \\ -2 \\ 5 \end{bmatrix}$$

$$\begin{cases} x = \lambda_1 + \lambda_2 + \lambda_3 \\ y = -2\lambda_1 - \lambda_2 \\ z = -\lambda_2 - 2\lambda_3 \\ t = 3\lambda_1 + 4\lambda_2 + 5\lambda_3 \end{cases}$$

Eliminando i parametri $\lambda_1, \lambda_2, \lambda_3$ si ottiene il sistema richiesto

$$\begin{bmatrix} 1 & 1 & 1 \\ -2 & -1 & 0 \\ 0 & -1 & -2 \\ 3 & 4 & 5 \end{bmatrix} \begin{bmatrix} \lambda_1 \\ \lambda_2 \\ \lambda_3 \end{bmatrix} = \begin{bmatrix} x \\ y \\ z \\ t \end{bmatrix}$$

$$\left[\begin{array}{ccc|c} 1 & 1 & 1 & x \\ -2 & -1 & 0 & y \\ 0 & -1 & -2 & z \\ 3 & 4 & 5 & t \end{array}\right] \xrightarrow[R_4 \to 2R_4]{R_2 \to 3R_2} \left[\begin{array}{ccc|c} 1 & 1 & 1 & x \\ -6 & -3 & 0 & 3y \\ 0 & -1 & -2 & z \\ 6 & 8 & 10 & 2t \end{array}\right] \xrightarrow{R_3 \to R_2 + R_4}$$

$$\left[\begin{array}{ccc|c} 1 & 1 & 1 & x \\ -6 & -3 & 0 & 3y \\ 0 & -1 & -2 & z \\ 0 & 5 & 10 & 3y+2t \end{array}\right] \xrightarrow{R_2 \to \frac{1}{3}R_2} \left[\begin{array}{ccc|c} 1 & 1 & 1 & x \\ -2 & -1 & 0 & y \\ 0 & -1 & -2 & z \\ 0 & 5 & 10 & 3y+2t \end{array}\right] \xrightarrow{R_1 \to 2R_1}$$

$$\left[\begin{array}{ccc|c} 2 & 2 & 2 & 2x \\ -2 & -1 & 0 & y \\ 0 & -1 & -2 & z \\ 0 & 5 & 10 & 3y+2t \end{array}\right] \xrightarrow{R_2 \to R_1 + R_2} \left[\begin{array}{cccc} 2 & 2 & 2 & 2x \\ 0 & 1 & 2 & 2x+y \\ 0 & -1 & -2 & z \\ 0 & 5 & 10 & 3y+2t \end{array}\right]$$

$$\xrightarrow{R_1 \to \frac{1}{2}R_1} \begin{bmatrix} 1 & 1 & 1 & x \\ 0 & 1 & 2 & 2x+y \\ 0 & -1 & -2 & z \\ 0 & 5 & 10 & 3y+2t \end{bmatrix} \xrightarrow{R_3 \to R_2 + R_3} \begin{bmatrix} 1 & 1 & 1 & x \\ 0 & 1 & 2 & 2x+y \\ 0 & 0 & 0 & 2x+y+z \\ 0 & 5 & 10 & 3y+2t \end{bmatrix} \xrightarrow{R_4 \to \frac{1}{5}R_4}$$

$$\begin{bmatrix} 1 & 1 & 1 & x \\ 0 & 1 & 2 & 2x+y \\ 0 & 0 & 0 & 2x+y+z \\ 0 & 1 & 2 & \dfrac{3y+2t}{5} \end{bmatrix} \xrightarrow{R_4 \to R_2 - R_4} \begin{bmatrix} 1 & 1 & 1 & x \\ 0 & 1 & 2 & 2x+y \\ 0 & 0 & 0 & 2x+y+z \\ 0 & 0 & 0 & 2x+y-\dfrac{3y+2t}{5} \end{bmatrix} =$$

$$= \begin{bmatrix} 1 & 1 & 1 & x \\ 0 & 1 & 2 & 2x+y \\ 0 & 0 & 0 & 2x+y+z \\ 0 & 0 & 0 & \dfrac{10x+5y-3y-2t}{5} \end{bmatrix} \xrightarrow{R_4 \to 5R_4} \begin{bmatrix} 1 & 1 & 1 & x \\ 0 & 1 & 2 & 2x+y \\ 0 & 0 & 0 & 2x+y+z \\ 0 & 0 & 0 & 10x+2y-2t \end{bmatrix} \xrightarrow{R_4 \to \frac{1}{2}R_4}$$

$$\begin{bmatrix} 1 & 1 & 1 & | & x \\ 0 & 1 & 2 & | & 2x+y \\ 0 & 0 & 0 & | & 2x+y+z \\ 0 & 0 & 0 & | & 5x+y-t \end{bmatrix}$$

$$rg \begin{bmatrix} 1 & 1 & 1 \\ 0 & 1 & 2 \\ 0 & 0 & 0 \\ 0 & 0 & 0 \end{bmatrix} = 2$$

Il sistema è compatibile $\Longleftrightarrow$ $rg \begin{bmatrix} 1 & 1 & 1 & | & x \\ 0 & 1 & 2 & | & 2x+y \\ 0 & 0 & 0 & | & 2x+y+z \\ 0 & 0 & 0 & | & 5x+y-t \end{bmatrix} = 2$ $\Longleftrightarrow$

$$\begin{cases} 2x+y+z = 0 \\ 5x+y-t = 0 \end{cases}$$

Questo è il sistema omogeneo richiesto.

3) Siano U e W i seguenti sottospazi di $\mathbb{R}^4$:

$$U = \{(a,b,c,d) \in \mathbb{R}^4 : b+c+d = 0\}$$

$$W = \{(a,b,c,d) \in \mathbb{R}^4 : a+b = 0, \ c = 2d\}$$

Trovare la dimensione ed una base di:

(i) U

(ii) W

(iii) $U \cap W = \{(a,b,c,d) \in \mathbb{R}^4 : b+c+d = 0, \ a+b = 0, \ c = 2d\}$

4) Trovare la dimensione dello spazio vettoriale generato da:

(i) $\bar{v}_1 = (1,-2,3,-1)$ $\bar{v}_2 = (1,1,-2,3)$

(ii) $\bar{v}_1 = (3,-6,3,-9)$ $\bar{v}_2 = (-2,4,-2,6)$

5) Trovare base e dimensione del sottospazio W di $\mathbb{R}^4$ generato da:

(i) $\bar{v}_1 = (1,4,1,-3) \quad \bar{v}_2 = (2,1,-3,-1) \quad \bar{v}_3 = (0,2,1,-5)$

(ii) $\bar{v}_1 = (1,-4,-2,1) \quad \bar{v}_2 = (1,-3,-1,2) \quad \bar{v}_3 = (3,-8,-2,7)$

6) Trovare una base e la dimensione dello spazio soluzione W di ciascun sistema omogeneo:

(i) $\begin{cases} x + 3y + 2z = 0 \\ x + 5y + z = 0 \\ 3x + 5y + 8z = 0 \end{cases}$
(ii) $\begin{cases} x - 2y + 7z = 0 \\ 2x + 3y - 2z = 0 \\ 2x - y + z = 0 \end{cases}$
(iii) $\begin{cases} x + 4y + 2z = 0 \\ 2x + y + 5z = 0 \end{cases}$

7) Trovare una base e la dimensione dello spazio soluzione W di ciascun sistema omogeneo:

(i) $\begin{cases} x + 2y - 2z + 2a - t = 0 \\ x + 2y - z + 3a - 2t = 0 \\ 2x + 4y - 7z + a + t = 0 \end{cases}$
(ii) $\begin{cases} x + 2y - z + 3a - 4t = 0 \\ 2x + 4y - 2z - a + 5t = 0 \\ 2x + 4y - 2z + 4a - 2t = 0 \end{cases}$

8) Trovare un sistema omogeneo il cui insieme soluzione W sia generato da:

$$\left\{ (1,-2,0,3,-1) ; (2,-3,2,5,-3) ; (1,-2,1,2,-2) \right\}$$

9) Siano V e W i seguenti sottospazi di $\mathbb{R}^4$:

$$V = \left\{ (a,b,c,d) \in \mathbb{R}^4 : b - 2c + d = 0 \right\}$$

$$W = \left\{ (a,b,c,d) \in \mathbb{R}^4 : a = d, \; b = 2c \right\}$$

Trovare (i) V, (ii) W, (iii) $V \cap W$

SOMMA E SOMMA DIRETTA DI SOTTOSPAZI

Se U e W sono due sottospazi di $\mathbb{R}^m$, la loro intersezione $U \cap V$ è ancora un sottospazio di $\mathbb{R}^m$.

Più in generale se $\{U_i\}_{i=1,\dots,m}$ è una famiglia di sottospazi di $\mathbb{R}^m$, allora $\bigcap_{i=1}^m U_i$ è un sottospazio di $\mathbb{R}^m$.

In generale $U \cup W$ non è un sottospazio di $\mathbb{R}^m$.

Definizione Sia $U + W \underset{df}{=} \{\bar{u} + \bar{w} : \bar{u} \in U \text{ e } \bar{w} \in W\}$ l'insieme **somma** di U e W, sottospazi di $\mathbb{R}^m$.

Proposizione L'insieme somma $U + W$ è un sottospazio di $\mathbb{R}^m$.

dim: $\forall \bar{u}_1, \bar{u}_2 \in U$ e $\forall \bar{w}_1, \bar{w}_2 \in W$ e $\forall c \in \mathbb{R}$ segue che

(i) $(\bar{u}_1 + \bar{w}_1) + (\bar{u}_2 + \bar{w}_2) = \underbrace{(\bar{u}_1 + \bar{u}_2)}_{\cap} + \underbrace{(\bar{w}_1 + \bar{w}_2)}_{\cap} \in U + W$.

(ii) $c \cdot (\bar{u}_1 + \bar{w}_1) = (\underbrace{c\bar{u}_1}_{\cap} + \underbrace{c\bar{w}_1}_{\cap}) \in U + W$.

Quindi $U + W$ è un sottospazio vettoriale di $\mathbb{R}^m$.

OSSERVAZIONE

Il sottospazio $U + W$ contiene U e contiene W, quindi contiene $U \cup W$, infatti ad $U + W$ appartengono tutti i vettori $\bar{u} = \bar{u} + \bar{0}$ e $\bar{w} = \bar{0} + \bar{w}$, $\forall \bar{u} \in U$ e $\forall \bar{w} \in W$.

Definizione

Se $U \cap W = \{\bar{0}\}$, allora il sottospazio $U + W$ è detto SOMMA DIRETTA di U e W e si denota con $U \oplus W$.

TEOREMA

$U + W$ è somma diretta $\iff$ ogni suo vettore si esprime <u>in modo unico</u> nella forma $\bar{u} + \bar{w}$.

TEOREMA

Siano U e W due sottospazi di $\mathbb{R}^m$.

Allora il sottospazio vettoriale $U+W$ ha dimensione finita e risulta:

$$\dim(U+W) = \dim U + \dim W - \dim(U \cap W)$$

Se $\quad U+W = U \oplus W \quad \Rightarrow \quad \dim(U \oplus W) = \dim U + \dim W.$

Esercizio svolto

Sia U un sottospazio di $\mathbb{R}^4$ generato da $\quad \bar{u}_1 = (1,1,0,-1) \quad \bar{u}_2 = (1,2,3,0) \quad \bar{u}_3 = (2,3,3,-1)$

e sia W un altro sottospazio di $\mathbb{R}^4$ generato da

$\bar{w}_1 = (1,2,2,-2) \quad \bar{w}_2 = (2,3,2,-3) \quad \bar{w}_3 = (1,3,4,-3)$

(i) Trovare $\dim(U+V)$

(ii) Trovare $\dim(U \cap V)$

Svolgimento

$U+W$ è il sottospazio vettoriale generato da $\bar{u}_1, \bar{u}_2, \bar{u}_3, \bar{w}_1, \bar{w}_2, \bar{w}_3$; troviamo una base e quindi la sua dimensione:

$$
\begin{bmatrix} 1 & 1 & 0 & -1 \\ 1 & 2 & 3 & 0 \\ 2 & 3 & 3 & -1 \\ 1 & 2 & 2 & -2 \\ 2 & 3 & 2 & -3 \\ 1 & 3 & 4 & -3 \end{bmatrix}
\xrightarrow{R_2 \to R_1 - R_2}
\begin{bmatrix} 1 & 1 & 0 & -1 \\ 0 & -1 & -3 & -1 \\ 2 & 3 & 3 & -1 \\ 1 & 2 & 2 & -2 \\ 2 & 3 & 2 & -3 \\ 1 & 3 & 4 & -3 \end{bmatrix}
\xrightarrow{R_5 \to R_3 - R_5}
\begin{bmatrix} 1 & 1 & 0 & -1 \\ 0 & -1 & -3 & -1 \\ 2 & 3 & 3 & -1 \\ 1 & 2 & 2 & -2 \\ 0 & 0 & 1 & 2 \\ 1 & 3 & 4 & -3 \end{bmatrix}
\xrightarrow{R_6 \to R_4 - R_6}
$$

$$
\begin{bmatrix} 1 & 1 & 0 & -1 \\ 0 & -1 & -3 & -1 \\ 2 & 3 & 3 & -1 \\ 1 & 2 & 2 & -2 \\ 0 & 0 & 1 & 2 \\ 0 & -1 & -2 & 1 \end{bmatrix}
\xrightarrow{R_4 \to 2 R_4}
\begin{bmatrix} 1 & 1 & 0 & -1 \\ 0 & -1 & -3 & -1 \\ 2 & 3 & 3 & -1 \\ 2 & 4 & 4 & -4 \\ 0 & 0 & 1 & 2 \\ 0 & -1 & -2 & 1 \end{bmatrix}
\xrightarrow{R_3 \to R_3 - R_4}
\begin{bmatrix} 1 & 1 & 0 & -1 \\ 0 & -1 & -3 & -1 \\ 0 & -1 & -1 & 3 \\ 2 & 4 & 4 & -4 \\ 0 & 0 & 1 & 2 \\ 0 & -1 & -2 & 1 \end{bmatrix}
\xrightarrow[R_4 \to \frac{1}{2}R_4]{R_6 \to R_5 - R_6}
$$

$$
\begin{bmatrix} 1 & 1 & 0 & -1 \\ 0 & -1 & -3 & -1 \\ 0 & -1 & -1 & 3 \\ 1 & 2 & 2 & -2 \\ 0 & 0 & 1 & 2 \\ 0 & 0 & 1 & 2 \end{bmatrix}
\xrightarrow{R_6 \to R_5 - R_5}
\begin{bmatrix} 1 & 1 & 0 & -1 \\ 0 & -1 & -3 & -1 \\ 0 & -1 & -1 & 3 \\ 1 & 2 & 2 & -2 \\ 0 & 0 & 1 & 2 \\ 0 & 0 & 0 & 0 \end{bmatrix}
\xrightarrow{R_4 \to R_1 - R_4}
\begin{bmatrix} 1 & 1 & 0 & -1 \\ 0 & -1 & -3 & -1 \\ 0 & -1 & -1 & 3 \\ 0 & -1 & -2 & 1 \\ 0 & 0 & 1 & 2 \\ 0 & 0 & 0 & 0 \end{bmatrix}
\xrightarrow{R_3 \to R_2 - R_3}
$$

$$
\begin{bmatrix} 1 & 1 & 0 & -1 \\ 0 & -1 & -3 & -1 \\ 0 & 0 & -2 & -4 \\ 0 & -1 & -2 & 1 \\ 0 & 0 & 1 & 2 \\ 0 & 0 & 0 & 0 \end{bmatrix}
\xrightarrow{R_3 \to +\frac{1}{2}R_3}
\begin{bmatrix} 1 & 1 & 0 & -1 \\ 0 & -1 & -3 & -1 \\ 0 & 0 & -1 & -2 \\ 0 & -1 & -2 & 1 \\ 0 & 0 & 1 & 2 \\ 0 & 0 & 0 & 0 \end{bmatrix}
\xrightarrow{R_5 \to R_3 + R_5}
\begin{bmatrix} 1 & 1 & 0 & -1 \\ 0 & -1 & -3 & -1 \\ 0 & 0 & -1 & -2 \\ 0 & -1 & -2 & 1 \\ 0 & 0 & 0 & 0 \\ 0 & 0 & 0 & 0 \end{bmatrix}
\xrightarrow{R_4 \to R_2 - R_4}
\begin{bmatrix} 1 & 1 & 0 & -1 \\ 0 & -1 & -3 & -1 \\ 0 & 0 & -1 & -2 \\ 0 & 0 & 0 & 0 \\ 0 & 0 & 0 & 0 \\ 0 & 0 & 0 & 0 \end{bmatrix}
$$

$$R_4 \to R_3 - R_4 \qquad \begin{bmatrix} 1 & 1 & 0 & -1 \\ 0 & -1 & -3 & -1 \\ 0 & 0 & -1 & -2 \\ 0 & 0 & 0 & 0 \\ 0 & 0 & 0 & 0 \\ 0 & 0 & 0 & 0 \end{bmatrix} \xrightarrow[R_3 \to -R_3]{R_2 \to -R_2} \begin{bmatrix} 1 & 1 & 0 & -1 \\ 0 & 1 & 3 & 1 \\ 0 & 0 & 1 & 2 \\ 0 & 0 & 0 & 0 \\ 0 & 0 & 0 & 0 \\ 0 & 0 & 0 & 0 \end{bmatrix}$$

$$rg \begin{bmatrix} 1 & 1 & 0 & -1 \\ 0 & 1 & 3 & 1 \\ 0 & 0 & 1 & 2 \\ 0 & 0 & 0 & 0 \\ 0 & 0 & 0 & 0 \\ 0 & 0 & 0 & 0 \end{bmatrix} = 3 \quad , \quad \text{segue che } \dim(U+W) = 3$$

(ii) Per calcolare la $\dim(U \cap W)$, occorre calcolare: $\dim(U)$ e $\dim(W)$

$$\begin{bmatrix} 1 & 1 & 0 & -1 \\ 1 & 2 & 3 & 0 \\ 2 & 3 & 3 & -1 \end{bmatrix} \xrightarrow{R_2 \to R_2 - R_1} \begin{bmatrix} 1 & 1 & 0 & -1 \\ 0 & 1 & 3 & 1 \\ 2 & 3 & 3 & -1 \end{bmatrix} \xrightarrow{R_1 \to 2R_1} \begin{bmatrix} 2 & 2 & 0 & -2 \\ 0 & 1 & 3 & 1 \\ 2 & 3 & 3 & -1 \end{bmatrix} \xrightarrow{R_3 \to R_3 - R_1}$$

$$\begin{bmatrix} 2 & 2 & 0 & -2 \\ 0 & 1 & 3 & 1 \\ 0 & 1 & 3 & 1 \end{bmatrix} \xrightarrow[R_3 \to R_2 - R_1]{R_1 \to \frac{1}{2}R_1} \begin{bmatrix} 1 & 1 & 0 & -1 \\ 0 & 1 & 3 & 1 \\ 0 & 0 & 0 & 0 \end{bmatrix}$$

$$rg \begin{bmatrix} 1 & 1 & 0 & -1 \\ 0 & 1 & 3 & 1 \\ 0 & 0 & 0 & 0 \end{bmatrix} = 2 \quad , \quad \text{segue che } \dim(U) = 2$$

$$\begin{bmatrix} 1 & 2 & 2 & -2 \\ 2 & 3 & 2 & -3 \\ 1 & 3 & 4 & -3 \end{bmatrix} \xrightarrow{R_3 \to R_3 - R_1} \begin{bmatrix} 1 & 2 & 2 & -2 \\ 2 & 3 & 2 & -3 \\ 0 & 1 & 2 & -1 \end{bmatrix} \xrightarrow{R_1 \to 2R_1} \begin{bmatrix} 2 & 4 & 4 & -4 \\ 2 & 3 & 2 & -3 \\ 0 & 1 & 2 & -1 \end{bmatrix} \xrightarrow{R_2 \to R_1 - R_2}$$

$$\begin{bmatrix} 2 & 4 & 4 & -4 \\ 0 & 1 & 2 & -1 \\ 0 & 1 & 2 & -1 \end{bmatrix} \xrightarrow[R_3 \to R_2 - R_3]{R_1 \to \frac{1}{2}R_1} \begin{bmatrix} 1 & 2 & 2 & -2 \\ 0 & 1 & 2 & -1 \\ 0 & 0 & 0 & 0 \end{bmatrix}$$

$$rg \begin{bmatrix} 1 & 2 & 2 & -2 \\ 0 & 1 & 2 & -1 \\ 0 & 0 & 0 & 0 \end{bmatrix} = 2 \quad , \quad \text{segue che } \dim(W) = 2$$

Dato che $\dim(U+W) = \dim(U) + \dim(W) - \dim(U \cap W) \Rightarrow$

$$\dim(U \cap W) = \dim(U) + \dim(W) - \dim(U+W)$$
$$\dim(U \cap W) = 2 + 2 - 3 = 1$$

<u>ESERCIZI</u>

Sia U il sottospazio di $\mathbb{R}^5$ generato da $\{(1,3,-2,2,3),(1,4,-3,4,2),(2,3,-1,-2,9)\}$ e sia W il sottospazio di $\mathbb{R}^5$ generato da $\{(1,3,0,2,1),(1,5,-6,6,3),(2,5,3,2,1)\}$
Trovare una base e la dimensione di (i) $U+W$ (ii) $U \cap W$.

) Sia U il sottospazio di $\mathbb{R}^5$ generato da $\{(1,3,3,-1,-4),(1,4,-1,-2,-2),(2,9,0,-5,-2)\}$ e sia W il sottospazio di $\mathbb{R}^5$ generato da $\{(1,6,2,-2,3),(2,8,-1,-6,-5),(1,3,-1,-5,-6)\}$
Trovare (i) $\dim(U+W)$ (ii) $\dim(U \cap W)$

) Sia U il sottospazio di $\mathbb{R}^5$ generato da $\{(1,-1,-1,-2,0),(1,-2,-2,0,-3),(1,-1,-2,-2,1)\}$ e sia W il sottospazio di $\mathbb{R}^5$ generato da $\{(1,-2,-3,0,-2),(1,-1,-3,2,-4),(1,-1,-2,2,-5)\}$
(i) Trovare due sistemi omogenei aventi rispettivamente U e W come spazi soluzioni
(ii) Trovare una base e la dimensione di $U \cap W$.

ESERCIZIO SUL CAMBIAMENTO DI BASE

Consideriamo le seguenti e basi di $\mathbb{R}^3$:

$$\{\bar{e}_1=(1,1,1),\ \bar{e}_2=(0,2,3),\ \bar{e}_3=(0,2,-1)\} \quad e \quad \{\bar{w}_1=(1,1,0),\ \bar{w}_2=(1,-1,0),\ \bar{w}_3=(0,0,1)\}$$

(i) Trovare il vettore coordinato di $\bar{v}=(3,5,-2)$ nelle due basi $\{\bar{e}_i\}$, $\{\bar{w}_i\}$ $i=1,2,3$

(ii) Trovare la matrice A che esprime il passaggio dalla base $\{\bar{e}_i\}$ alla base $\{\bar{w}_i\}$

(iii) Verificare che $A\cdot[\bar{v}]_e = [\bar{v}]_w$

Risoluzione

(i) $\quad \bar{v} = \alpha_1 \bar{e}_1 + \alpha_2 \bar{e}_2 + \alpha_3 \bar{e}_3$

(Trovo le componenti di $\bar{v}$ nella base $\{\bar{e}_i\}$ $i=1,2,3$)

$$(3,5,-2) = \alpha_1(1,1,1) + \alpha_2(0,2,3) + \alpha_3(0,2,-1)$$

$$\begin{cases} \alpha_1 = 3 \\ \alpha_1+2\alpha_2+2\alpha_3 = 5 \\ \alpha_1+3\alpha_2-\alpha_3 = -2 \end{cases} \quad \begin{cases} \alpha_1 = 3 \\ 3+2\alpha_2+2\alpha_3 = 5 \\ 3+3\alpha_2-\alpha_3 = -2 \end{cases} \quad \begin{cases} \alpha_1 = 3 \\ 2\alpha_2+2\alpha_3 = 2 \\ 3\alpha_2-\alpha_3 = -5 \end{cases} \quad \begin{cases} \alpha_1 = 3 \\ \alpha_2+\alpha_3 = 1 \\ \alpha_3 = 3\alpha_2+5 \end{cases}$$

$$\begin{cases} \alpha_1 = 3 \\ \alpha_2+3\alpha_2+5 = 1 \\ \alpha_3 = 3\alpha_2+5 \end{cases} \quad \begin{cases} \alpha_1 = 3 \\ 4\alpha_2 = -4 \\ \alpha_3 = -3+5 = 2 \end{cases} \rightarrow \alpha_2 = -1 \qquad [\bar{v}]_e = (3,-1,2)$$

Trovo le componenti di $\bar{v}$ nella base $\{\bar{w}_i\}$ $i=1,2,3$

$$\bar{v} = \beta_1 \bar{w}_1 + \beta_2 \bar{w}_2 + \beta_3 \bar{w}_3$$

$$(3,5,-2) = \beta_1(1,1,0) + \beta_2(1,-1,0) + \beta_3(0,0,1)$$

$$\begin{cases} \beta_1+\beta_2 = 3 \\ \beta_1-\beta_2 = 5 \\ \beta_3 = -2 \end{cases} \quad \begin{cases} \beta_1 = 3-\beta_2 \\ 3-\beta_2-\beta_2 = 5 \\ \beta_3 = -2 \end{cases} \quad \begin{cases} \beta_1 = 3-\beta_2 \\ -2\beta_2 = 2 \\ \beta_3 = -2 \end{cases} \quad \begin{cases} \beta_1 = 3-\beta_2 \\ \beta_2 = -1 \\ \beta_3 = -2 \end{cases} \quad \begin{cases} \beta_1 = 4 \\ \beta_2 = -1 \\ \beta_3 = -2 \end{cases}$$

$$[\bar{v}]_w = (4,-1,-2)$$

(ii) Matrice di transizione dalla base $\{\bar{e}_i\}$ alla base $\{\bar{w}_i\}$:

$$\bar{e}_1 = a_{11}\,\bar{w}_1 + a_{12}\,\bar{w}_2 + a_{13}\,\bar{w}_3$$
$$\bar{e}_2 = a_{21}\,\bar{w}_1 + a_{22}\,\bar{w}_2 + a_{23}\,\bar{w}_3$$
$$\bar{e}_3 = a_{31}\,\bar{w}_1 + a_{32}\,\bar{w}_2 + a_{33}\,\bar{w}_3$$

$$\bar{e}_1 = a_{11}\,\bar{w}_1 + a_{12}\,\bar{w}_2 + a_{13}\,\bar{w}_3$$

$$(1,1,1) = a_{11}(1,1,0) + a_{12}(1,-1,0) + a_{13}(0,0,1)$$

$$\begin{cases} a_{11} + a_{12} = 1 \\ a_{11} - a_{12} = 1 \\ a_{13} = 1 \end{cases} \quad \begin{cases} a_{11} = 1 - a_{12} \\ 1 - a_{12} - a_{12} = 1 \\ a_{13} = 1 \end{cases} \quad \begin{cases} a_{11} = 1 - a_{12} \\ -2a_{12} = 0 \\ a_{13} = 1 \end{cases} \; a_{12} = 0 \quad \begin{cases} a_{11} = 1 \\ a_{12} = 0 \\ a_{13} = 1 \end{cases}$$

$$\bar{e}_2 = a_{21}\,\bar{w}_1 + a_{22}\,\bar{w}_2 + a_{23}\,\bar{w}_3$$

$$(0,2,3) = a_{21}(1,1,0) + a_{22}(1,-1,0) + a_{23}(0,0,1)$$

$$\begin{cases} a_{21} + a_{22} = 0 \\ a_{21} - a_{22} = 2 \\ a_{23} = 3 \end{cases} \quad \begin{cases} a_{21} = -a_{22} \\ -a_{22} - a_{22} = 2 \\ a_{23} = 3 \end{cases} \quad \begin{cases} a_{21} = -a_{22} \\ -2a_{22} = 2 \\ a_{23} = 3 \end{cases} \quad \begin{cases} a_{21} = 1 \\ a_{22} = -1 \\ a_{23} = 3 \end{cases}$$

$$\bar{e}_3 = a_{31}\,\bar{w}_1 + a_{32}\,\bar{w}_2 + a_{33}\,\bar{w}_3$$

$$(0,2,-1) = a_{31}(1,1,0) + a_{32}(1,-1,0) + a_{33}(0,0,1)$$

$$\begin{cases} a_{31} + a_{32} = 0 \\ a_{31} - a_{32} = 2 \\ a_{33} = -1 \end{cases} \quad \begin{cases} a_{31} = -a_{32} \\ -a_{32} - a_{32} = 2 \\ a_{33} = -1 \end{cases} \quad \begin{cases} a_{31} = -a_{32} \\ -2a_{32} = 2 \\ a_{33} = -1 \end{cases} \quad \begin{cases} a_{31} = 1 \\ a_{32} = -1 \\ a_{33} = -1 \end{cases}$$

$$A = \begin{bmatrix} 1 & 0 & 1 \\ 1 & -1 & 3 \\ 1 & -1 & -1 \end{bmatrix}^t = \begin{bmatrix} 1 & 1 & 1 \\ 0 & -1 & -1 \\ 1 & 3 & -1 \end{bmatrix}$$

Matrice di transizione dalla base $\{\bar{e}_i\}$ alla base $\{\bar{w}_i\}$.

(iii) $A \cdot [\bar{v}]_e = [\bar{v}]_w$ (da verificare)

$$\underbrace{\begin{bmatrix} 1 & 1 & 1 \\ 0 & -1 & -1 \\ 1 & 3 & -1 \end{bmatrix}}_{A} \underbrace{\begin{bmatrix} 3 \\ -1 \\ 2 \end{bmatrix}}_{[\bar{v}]_e} = \begin{bmatrix} 3-1+2 \\ 1-2 \\ 3-3-2 \end{bmatrix} = \underbrace{\begin{bmatrix} 4 \\ -1 \\ -2 \end{bmatrix}}_{[\bar{v}]_w}$$

Esercizi

1) In $\mathbb{R}^3$ si considerino i vettori $\bar{v}_1=(1,0,2)$ $\bar{v}_2=(3,1,0)$ $\bar{v}_3=(0,1,1)$ $\bar{v}_4=(5,1,4)$

Per ciascuna delle seguenti uguaglianze si dica se è vera o falsa e il motivo

(i) $\mathbb{R}^3 = \mathcal{L}(\bar{v}_1) + \mathcal{L}(\bar{v}_2,\bar{v}_3)$

(ii) $\mathbb{R}^3 = \mathcal{L}(\bar{v}_1) + \mathcal{L}(\bar{v}_3,\bar{v}_4)$

(iii) $\mathbb{R}^3 = \mathcal{L}(\bar{v}_1,\bar{v}_2) + \mathcal{L}(\bar{v}_4)$

2) In $\mathbb{R}^4$ si considerino i vettori:

$\bar{v}_1=(1,0,1,0)$ $\bar{v}_2=(2,h,2,h)$ $\bar{v}_3=(1,1+h,1,2h)$ con $h\in\mathbb{R}$

e sia $W=\mathcal{L}(\bar{v}_1,\bar{v}_2,\bar{v}_3)$.

(i) Determinare $\dim(W)$ ed una base di W al variare di h

(ii) Scelto un valore di $h\in\mathbb{R}$ per cui $\bar{v}_1,\bar{v}_2,\bar{v}_3$ sono linearmente indipendenti, determinare $\bar{v}_4\in\mathbb{R}^4$ in modo che $\{\bar{v}_1,\bar{v}_2,\bar{v}_3,\bar{v}_4\}$ sia una base.

3) Siano $V_1=\{(0,a,c,d)\in\mathbb{R}^4 : a,c,d\in\mathbb{R}\}$ e $V_2=\{(q,p,q,z)\in\mathbb{R}^4 : p,q,z\in\mathbb{R}\}$

(i) Verificare che V_1 e V_2 sono sottospazi di $\mathbb{R}^4$ e determinare una base per V_1 e una base per V_2.

(ii) Determinare una base di $V_1\cap V_2$

(iii) Calcolare V_1+V_2 e determinarne una base.

4) Siano $\bar{v}_1=(1,1,1,0)$ $\bar{v}_2=(1,2,0,-1)$ $\bar{v}_3=(0,-1,1,1)$ $\bar{v}_4=(1,0,-1,3)$ $\bar{v}_5=(3,3,0,2)$

e sia $W=\mathcal{L}(\bar{v}_1,\bar{v}_2,\bar{v}_3,\bar{v}_4,\bar{v}_5)$.

(i) determinare $\dim(W)$

(ii) determinare una base $\mathcal{B}$ di W i cui elementi siano $\{\bar{v}_1,\bar{v}_2,\bar{v}_3,\bar{v}_4,\bar{v}_5\}$

(iii) verificare che $\bar{w}=(2,2,-1,2)\in W$ e determinarne le componenti rispetto alla base $\mathcal{B}$.

(iv) completare $\mathcal{B}$ ad una base $\mathcal{E}$ di $\mathbb{R}^4$ e determinare le componenti di $\bar{w}$ rispetto a $\mathcal{E}$.

1) Dati gli insiemi $A = \{(a,a,a,a) \in \mathbb{R}^4 : a \in \mathbb{R}\}$ e $B = \{(0,b,b,0) \in \mathbb{R}^4 : b \in \mathbb{R}\}$ dire quali delle seguenti affermazioni sono vere:

i) $A \cup B$ è un sottospazio di $\mathbb{R}^4$

ii) $A + B$ è un sottospazio di $\mathbb{R}^4$

iii) $(1,1,1,1) \notin A+B$

iv) $(1,2,2,1) \notin A+B$

2) Siano $V = \mathbb{R}^3$ e $W \subseteq V$ il sottospazio avente base $B = \{\bar{e}_1, \bar{e}_3\}$, essendo $\bar{e}_1 = (1,0,0)$, $\bar{e}_3 = (0,0,1)$. Quali affermazioni sono vere?

(i) il vettore $(1,1,1) \in W$

(ii) $\bar{e}_1 + \bar{e}_3 \in W$ ed ha componenti $(1,0,1)$ rispetto a B

(iii) $\bar{e}_1 + \bar{e}_3 \in W$ ed ha componenti $(1,1)$ rispetto a B

(iv) $\bar{e}_1 + \bar{e}_3 \in W$ ed ha componenti $(1,1)$ rispetto alla base canonica di V.

3) Siano $V_1 = \{(a,b,b,c) \in \mathbb{R}^4 : a,b,c \in \mathbb{R}\}$ e $V_2 = \{(a,0,0,b) \in \mathbb{R}^4 : a,b \in \mathbb{R}\}$. Quali affermazioni sono vere?

(i) $A \cap B = \emptyset$

(ii) $A \cap B$ è un sottospazio di $\mathbb{R}^4$ di dimensione 2

(iii) $A + B$ contiene quattro vettori linearmente indipendenti

(iv) $A \subseteq B$

4) Sia $A = \begin{bmatrix} 1 & 3 & 2 \\ 0 & -1 & 1 \\ h & 0 & 1 \end{bmatrix}$. Quali delle seguenti affermazioni sono vere?

(i) $rg(A) = 2$ per ogni $h \neq 0$

(ii) A è invertibile per $h = 1/5$

(iii) Per ogni $h \in \mathbb{R}$ le colonne di A sono una base di $\mathbb{R}^3$

(iv) nessuna delle risposte precedenti è corretta

5) Siano $V = \{(x,y,z) \in \mathbb{R}^3 : x-y-z=0\}$ $\quad W = \{(x,y,z) \in \mathbb{R}^3 : x=y=z\}$

Quali delle seguenti affermazioni è vera ?

(i) $V \cap W = \emptyset$

(ii) $V \cup W$ è un sottospazio di $\mathbb{R}^3$

(iii) $V + W = \mathcal{L}(\bar{v})$ con $\bar{v} = (1,1,1)$

(iv) $\dim(V+W) = \dim V + \dim W$.

6) Sia $A = \begin{bmatrix} 1 & 1 & 1 \\ 0 & 1 & 1 \\ 0 & 0 & 1 \end{bmatrix}$

i) A non è invertibile

ii) $A^{-1} = \begin{bmatrix} 1 & 0 & 0 \\ 0 & 1 & 0 \\ 0 & 0 & 1 \end{bmatrix}$

iii) $A^{-1} = \begin{bmatrix} 1 & -1 & 0 \\ 0 & 1 & -1 \\ 0 & 0 & 1 \end{bmatrix}$

iv) $A^{-1} = \begin{bmatrix} 1 & 0 & 0 \\ -1 & 1 & 0 \\ 0 & -1 & 1 \end{bmatrix}$

ESERCIZI di Riepilogo

1) Dati in $\mathbb{R}^4$ i vettori $\bar{u}_1 = (0,1,2,1)$ $\bar{u}_2 = (1,1,0,0)$ $\bar{u}_3 = (0,1,0,-1)$ $\bar{u}_4 = (1,1,-1,-1)$ determinare dimensione e una base dei sottospazi :

$W = \mathcal{L}(\bar{u}_1, \bar{u}_2, \bar{u}_3, \bar{u}_4)$

$W_1 = \mathcal{L}(\bar{u}_1, \bar{u}_2)$

$W_2 = \mathcal{L}(\bar{u}_3)$

$W_3 = \mathcal{L}(\bar{u}_3, \bar{u}_4)$

$W_4 = \mathcal{L}(\bar{u}_1, \bar{u}_2, \bar{u}_4)$

Fare lo stesso per le somme $W_1 + W_2$, $W_1 + W_3$, $W_2 + W_4$

2) Sia $V = \mathbb{R}^4$ e sia $\mathcal{B} = \{\bar{u}_1, \bar{u}_2, \bar{u}_3, \bar{u}_4\}$ una sua base. Determinare dimensione e una base del sottospazio W di V generato dai vettori:

$\bar{v}_1 = \bar{u}_1 - \bar{u}_3 + \bar{u}_4$, $\bar{v}_2 = 2\bar{u}_2 + \bar{u}_3 - \bar{u}_4$, $\bar{v}_3 = 2\bar{u}_1 + 2\bar{u}_2 - \bar{u}_3 + \bar{u}_4$

Completare poi la base trovata ad una base di V.

3) Siano dati in $\mathbb{R}^4$ i vettori $\bar{v} = (1,1,0,1)$ e $\bar{w} = (0,1,1,0)$.
Detto V lo spazio generato da $\bar{v}$ e $\bar{w}$: $V = \mathcal{L}(\bar{v}, \bar{w})$

 i) dire quali dei seguenti vettori appartengono a V:
$$\bar{v}_1 = (2,3,5,7), \quad \bar{v}_2 = (2,5,3,2), \quad \bar{v}_3 = (2,0,0,2)$$

 ii) per quali condizioni sulle componenti del vettore $\bar{x} = (x,y,z,t)$ esso appartiene a V?

4) Considerati in $\mathbb{R}^4$ i seguenti vettori:
$$\bar{v}_1 = (1,1,0,0) \quad \bar{v}_2 = (0,1,1,1) \quad \bar{v}_3 = (1,0,-1,-1) \quad \bar{v}_4 = (2,3,5,7) \quad \bar{v}_5 = (1,6,5,5)$$
$$\bar{v}_6 = (3,3,2,3).$$

 (i) verificare che $\bar{v}_1$ e $\bar{v}_2$ sono linearmente indipendenti

 (ii) verificare che $\mathcal{L}(\bar{v}_1, \bar{v}_2) = \mathcal{L}(\bar{v}_1, \bar{v}_2, \bar{v}_3)$

 (iii) determinare le condizioni a cui devono soddisfare le coordinate di un generico vettore $\bar{v} = (x,y,z,t) \in \mathbb{R}^4$ affinché esso appartenga al sottospazio $W = \mathcal{L}(\bar{v}_1, \bar{v}_2, \bar{v}_4)$.

 (iv) dire se i vettori $\bar{v}_5$ e $\bar{v}_6$ appartengono a W

 (v) scrivere i vettori $\bar{v}_5, \bar{v}_6 \in W$ come combinazione lineare dei vettori $\bar{v}_1, \bar{v}_2, \bar{v}_4$.

5) Si determini una base del sottospazio di $\mathbb{R}^4$ generato dai vettori
$$\bar{v}_1 = (1,0,1,1) \quad \bar{v}_2 = (3,2,5,1) \quad \bar{v}_3 = (0,4,4,-4)$$

6) Sia W il sottospazio di $\mathbb{R}^3$ avente come base i vettori $\bar{v}_1 = (1,0,1) \quad \bar{v}_2 = (2,0,1)$ e sia W' il sottospazio di $\mathbb{R}^3$ avente come base i vettori $\bar{w}_1 = (3,0,2) \quad \bar{w}_2 = (1,0,0)$. Dimostrare che $W = W'$

7) Trovare una base dello spazio vettoriale $\mathbb{R}^4$ che contenga i vettori
$$\bar{v}_1 = (1,1,1,1) \quad \text{e} \quad \bar{v}_2 = (2,0,1,1)$$

8) Considerati nello spazio vettoriale $\mathbb{R}^4$ i vettori:
$$\bar{v}_1 = (1,0,1,1) \quad \bar{v}_2 = (0,0,0,0) \quad \bar{v}_3 = (2,0,0,0) \quad \bar{v}_4 = (0,1,1,0) \quad \bar{v}_5 = (0,0,-3,-3)$$
$$\bar{v}_6 = (3,5,-1,0) \quad \bar{v}_7 = (1,1,1,0) \quad \bar{v}_8 = (0,0,-1,-1)$$

 (i) verificare che i vettori $\bar{v}_7$ e $\bar{v}_8$ sono linearmente indipendenti e trovare una base di $\mathbb{R}^4$ che li contenga.

(ii) verificare che i vettori elencati generano $\mathbb{R}^4$ ed estrarne una base per tale spazio vettoriale.

9) Al variare del parametro reale K si determini la dimensione ed una base del sottospazio di $\mathbb{R}^4$ generato dai vettori:
$$\bar{v}_1=(2K,1,0,1) \quad \bar{v}_2=(K,2K,K^2,0) \quad \bar{v}_3=(1-4K,0,K,-2)$$

10) Si considerino in $\mathbb{R}^4$ i seguenti vettori:
$$\bar{v}_1=(1,2,0,0) \quad \bar{v}_2=(1,0,2,0) \quad \bar{v}_3=(0,1,1,1) \quad \bar{v}_4=(2,K,0,K) \quad \bar{v}_5=(2,0,0,0)$$
$$\bar{v}_6=(K,0,1,0)$$
Detti V il sottospazio generato da $\bar{v}_1,\bar{v}_2$ e $\bar{v}_3$ e W quello generato da $\bar{v}_4,\bar{v}_5$ e $\bar{v}_6$, si determini, al variare del parametro reale K, la dimensione di $V \cap W$

11) Siano K un numero reale e V_K, W_K, T_K i sottospazi di $\mathbb{R}^3$ così definiti:
$$V_K=\{(x,y,z)\in\mathbb{R}^3 : 2x-Ky-z=0\}$$
$$W=\mathcal{L}(\bar{v}_1,\bar{v}_2) \quad \text{dove} \quad \bar{v}_1=(1,1,2) \quad \bar{v}_2=(0,1,0)$$
$$T_K=\mathcal{L}(\bar{v}_K) \quad \text{dove} \quad \bar{v}_K=(K,0,2)$$

Calcolare al variare del parametro reale K, la dimensione dei sottospazi $V_K \cap W$ e T_K.

12) In $\mathbb{R}^4$ si considerino i seguenti sottospazi:
$$V=\{(x,y,z,t)\in\mathbb{R}^4 : x-y=z-t=0\}$$
$$W=\mathcal{L}(\bar{v}_1,\bar{v}_2,\bar{v}_3) \quad \text{essendo} \quad \bar{v}_1=(1,h,1,0) \quad \bar{v}_2=(0,0,1,h) \quad \bar{v}_3=(h,h,2,h)$$
Si stabiliscano gli eventuali valori reali del parametro h per i quali risulta: $\mathbb{R}^4=V \oplus W$

13) Stabilire quali dei seguenti insiemi di vettori sono linearmente indipendenti, quali formano un sistema di generatori dello spazio e quali costituiscono una base:

in $\mathbb{R}^2$

a) $\left\{ (1, 123), (-\pi, -\pi) \right\}$

b) $\left\{ (2, -\frac{1}{3}), (-1, \frac{1}{6}) \right\}$

c) $\left\{ (\frac{4}{5}, \frac{5}{4}), (4, 5) \right\}$

d) $\left\{ (1, 2), (11, -7\sqrt{2}), (-1, 1) \right\}$

in $\mathbb{R}^3$

e) $\left\{ (1, 1, 3), (2, 2, 0), (3, 3, -3) \right\}$

f) $\left\{ (1, -1, -\sqrt{5}), (1, 1, \sqrt{5}), (0, 1, 2\sqrt{5}) \right\}$

g) $\left\{ (1, 0, 0), (1, 1, 1), (0, 1, 2), (-1, -2, -3) \right\}$

14) Dimostrare che $\mathbb{R}^4 = U \oplus W$ dove
$$U = \mathcal{L}\left((1, 0, -\sqrt{5}, 0), (\sqrt{5}, 0, -1, 0) \right)$$
$$W = \mathcal{L}\left((0, -2, 0, 3), (0, 1, 0, 1) \right)$$

15) Dimostrare che $\mathbb{R}^3 = U \oplus W$ dove
$$U = \left\{ (x, y, z) \in \mathbb{R}^3 : x - y = 0 \right\}$$
$$W = \mathcal{L}(\bar{u}) \quad \bar{u} = (1, 0, 1)$$

16) Trovare una base del sottospazio di $\mathbb{R}^4$ generato dai seguenti vettori:
$$\bar{v}_1 = (1, 1, 2, 3) \quad \bar{v}_2 = (3, 2, 1, 0) \quad \bar{v}_3 = (-1, 0, 3, 6) \quad \bar{v}_4 = (2, 2, 2, 2)$$

Applicazioni Lineari

Definizione Siano A e B due insiemi numerici qualsiasi. Supponiamo che ad ogni $a \in A$ venga associato un unico elemento di B. Tale applicazione tra i 2 insiemi viene chiamata FUNZIONE da A in B e si scrive:

$$f: A \longrightarrow B \qquad \text{oppure} \qquad A \xrightarrow{\;f\;} B$$

Scriviamo $f(a)$, leggendo "f di a", per intendere quell'elemento di B che f assegna ad $a \in A$; esso si chiama immagine di a mediante f.

Possiamo definire due insiemi:

i) $f(A) \underset{def}{=} \{ f(a) : a \in A \}$ INSIEME DELLE IMMAGINI

$f(A) \subseteq B$

ii) $\forall B' \subseteq B : \quad f^{-1}(B') = \{ a \in A : f(a) \in B' \}$ Insieme delle controimmagini di B'

$f^{-1}(B') \subseteq A$.

Definizione Sia $f: A \longrightarrow B$ una funzione, A viene chiamato <u>dominio</u> della funzione e B <u>codominio</u>.

A ciascuna funzione $f: A \longrightarrow B$ corrisponde il sottoinsieme Γ_f, detto <u>grafico di f</u>, così definito:

$$\Gamma_f = \{ (a, f(a)) : a \in A \} \subseteq A \times B \;, \quad \text{essendo:}$$

$A \times B = \{ (a,b) : a \in A \text{ e } b \in B \}$ il prodotto cartesiano di A per B.

Due funzioni $f: A \longrightarrow B$ e $g: A \longrightarrow B$ si dicono <u>uguali</u> e si scrive $f = g$ se $f(a) = g(a)$, $\forall a \in A$:

$$\Gamma_f = \{ (a, f(a)) : a \in A \} = \{ (a, g(a)) : a \in A \} = \Gamma_g$$

$$\Gamma_f = \Gamma_g \quad \text{hanno lo stesso grafico.}$$

<u>Esempio</u> Siano $A = \{a, b, c, d\}$ e $B = \{x, y, z, w\}$. Il diagramma seguente definisce una funzione f da A in B:

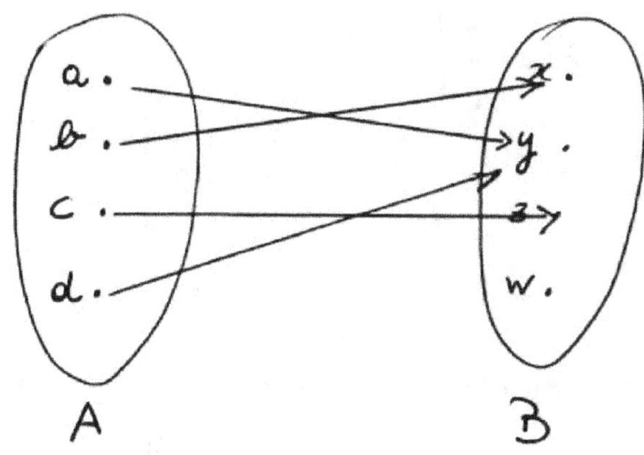

$$f: A \longmapsto B$$
$$f(a) = y$$
$$f(b) = x$$
$$f(c) = z$$
$$f(d) = y$$
$$f(A) = \{f(a) : a \in A\} = \{x, y, z\} \quad \text{insieme delle immagini}$$

<u>Esempio</u> Sia $f: \mathbb{R} \longmapsto \mathbb{R}$
$$x \longmapsto x^2 \quad \text{o equivalentemente } f(x) = x^2$$
$$\Gamma_f = \{(x, x^2) : x \in \mathbb{R}\}$$

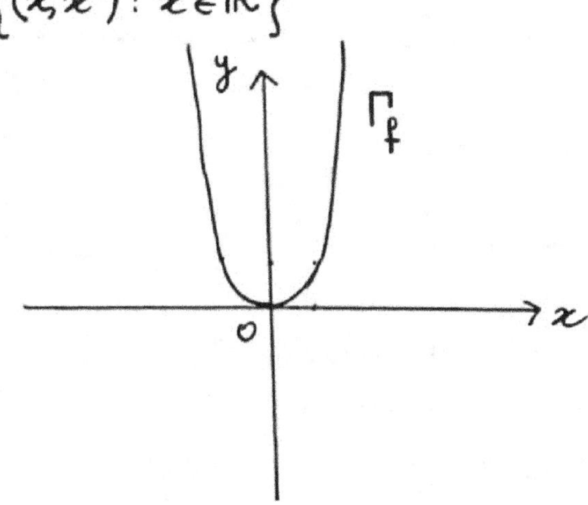

<u>ESEMPIO</u>

Consideriamo la matrice 2×3 $\quad A=\begin{bmatrix} 1 & -3 & 5 \\ 2 & 4 & -1 \end{bmatrix}$ e definiamo la

funzione $T: \mathbb{R}^3 \longrightarrow \mathbb{R}^2$ così definita:

$$T(\bar{v}) \overset{\text{def}}{=} A\cdot\bar{v} \ , \quad \forall\, \bar{v}=\begin{bmatrix} x \\ y \\ z \end{bmatrix} \in \mathbb{R}^3$$

Così se $\bar{v}=\begin{bmatrix} 3 \\ 1 \\ -2 \end{bmatrix}$ allora $T(\bar{v}) = A\bar{v} = \begin{bmatrix} 1 & -3 & 5 \\ 2 & 4 & -1 \end{bmatrix}\begin{bmatrix} 3 \\ 1 \\ -2 \end{bmatrix} = \begin{bmatrix} 3-3-10 \\ 6+4+2 \end{bmatrix} = \begin{bmatrix} -10 \\ 12 \end{bmatrix}$

<u>OSSERVAZIONE</u>

Ogni matrice A di ordine $m\times n$ su $\mathbb{R}$ determina la funzione

$$T: \mathbb{R}^n \longrightarrow \mathbb{R}^m \quad \text{definita da } T(\bar{v}) \overset{\text{def}}{=} A\bar{v}$$

in cui i vettori di $\mathbb{R}^n$ e $\mathbb{R}^m$ sono scritti come vettori colonna.

Per semplificare la nomenclatura, spesso si indica con A (simbolo usato per la matrice) la funzione $T: \mathbb{R}^n \longrightarrow \mathbb{R}^m$, precedentemente definita.

<u>Definizione</u> Una funzione $f: A \longrightarrow B$ si dice <u>iniettiva</u> se:

$$a \neq a' \ \Rightarrow\ f(a) \neq f(a') \quad \text{o in modo equivalente se:}$$

$$f(a) = f(a') \Rightarrow a = a' \quad \text{(ogni elemento del codominio ha al più una}$$
$$\text{controimmagine).}$$

<u>Definizione</u> Una funzione $f: A \longrightarrow B$ si dice <u>suriettiva</u> se ogni elemento del codominio ha almeno una controimmagine.

<u>Definizione</u> Una funzione $f: A \longrightarrow B$ che sia iniettiva e suriettiva viene detta biiettiva.

<u>Esempio</u>

$$f: \mathbb{R} \longrightarrow \mathbb{R}$$
$$x \longmapsto e^x$$

Ogni elemento del codominio ha al più una controimmagine $\Rightarrow f$ è iniettiva

<u>Geometricamente</u> ogni retta orizzontale interseca la curva al massimo in un punto I.

Esempio
$$g: \mathbb{R} \longrightarrow \mathbb{R}$$
$$x \longmapsto x^3 - x \qquad f(x) = x^3 - x$$

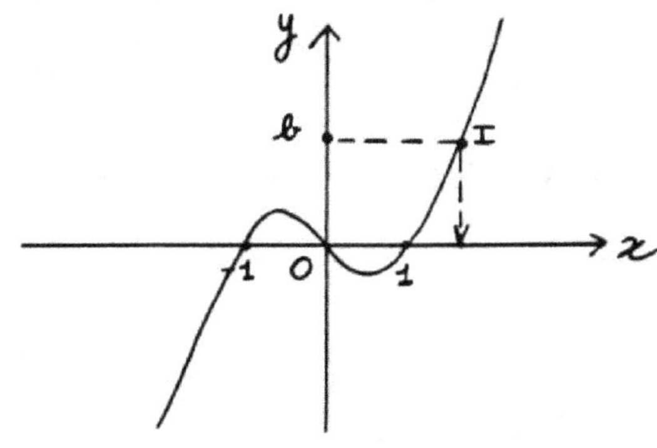

In questo caso la funzione g è suriettiva (ogni elemento del codominio ha al meno una controimmagine).
Geometricamente: ogni linea orizzontale interseca il grafico di g almeno in un punto.

Esempio
$$h: \mathbb{R} \longrightarrow \mathbb{R}$$
$$x \longrightarrow x^2 \qquad h(x) = x^2$$

In questo caso $\forall b \geq 0$, b possiede 2 controimmagini; $\forall b < 0$, b non possiede controimmagini. Questo significa che h non è nè iniettiva nè suriettiva.

APPLICAZIONI LINEARI

Definizione

Siano $\mathbb{R}^n$ e $\mathbb{R}^m$ due spazi vettoriali. Una funzione $f: \mathbb{R}^n \longrightarrow \mathbb{R}^m$ viene detta **applicazione lineare** o **trasformazione lineare** o <u>omomorfismo di spazi vettoriali</u> se soddisfa le seguenti due condizioni:

(i) $\forall \, \bar{v}, \bar{u} \in \mathbb{R}^m$. $\quad F(\bar{u} + \bar{v}) = F(\bar{u}) + F(\bar{v})$

(ii) $\forall \, K \in \mathbb{R}$ e $\forall \, \bar{v} \in \mathbb{R}^m$: $\quad F(K \bar{v}) = K \, F(\bar{v})$

Per $K = 0$. $K \bar{v} = \bar{0}_{\mathbb{R}^m}$, $K \cdot F(\bar{v}) = \bar{0}_{\mathbb{R}^m}$ segue che $F(\bar{0}_{\mathbb{R}^m}) = \bar{0}_{\mathbb{R}^m}$; questo dice che ogni applicazione lineare "manda" il vettore $\bar{0}$ di $\mathbb{R}^n$, indicato con $\bar{0}_{\mathbb{R}^n}$, nel vettore $\bar{0}$ di $\mathbb{R}^m$, indicato con $\bar{0}_{\mathbb{R}^m}$

<u>Più in generale</u>, applicando entrambe le condizioni di linearità otteniamo la proprietà fondamentale delle applicazioni lineari:

$\forall \, \alpha_i \in \mathbb{R}$ e $\forall \, \bar{v}_i \in \mathbb{R}^m$, con $i = 1, 2, 3, \ldots, K$:

$$F(\alpha_1 \bar{v}_1 + \alpha_2 \bar{v}_2 + \ldots + \alpha_k \bar{v}_k) = \alpha_1 F(\bar{v}_1) + \alpha_2 F(\bar{v}_2) + \ldots + \alpha_k F(\bar{v}_k)$$

Osserviamo che :

$\forall \, \alpha_1, \alpha_2 \in \mathbb{R}$ e $\forall \, \bar{v}_1, \bar{v}_2 \in \mathbb{R}^m$: $F(\alpha_1 \bar{v}_1 + \alpha_2 \bar{v}_2) = \alpha_1 F(\bar{v}_1) + \alpha_2 F(\bar{v}_2)$

caratterizza compiutamente l'applicazione lineare F, ed è talvolta usata come sua definizione, al posto delle condizioni (i) e (ii).

Esempio 1

Sia A una matrice $m \times n$ su $\mathbb{R}$. La matrice A permette di definire una funzione $T: \mathbb{R}^n \longrightarrow \mathbb{R}^m$ così definita: $\forall \bar{v} \in \mathbb{R}^n \quad T(\bar{v}) \underset{df}{=} A \cdot \bar{v}$

($\bar{v}$ viene inteso come vettore colonna di $\mathbb{R}^n$ e $A\bar{v}$ è un vettore colonna di $\mathbb{R}^m$)

T è lineare

(i) $T(\bar{v} + \bar{u}) = A \cdot (\bar{v} + \bar{u}) = A\bar{v} + A\bar{u} = T(\bar{v}) + T(\bar{u})$, $\quad \forall \bar{v}, \bar{u} \in \mathbb{R}^n$

(ii) $T(K\bar{v}) = A \cdot (K \cdot \bar{v}) = K \cdot (A\bar{v}) = K \cdot T(\bar{v})$, $\quad \forall K \in \mathbb{R}$ e $\forall \bar{v} \in \mathbb{R}^n$

Esempio 2

Sia $F: \mathbb{R}^3 \longrightarrow \mathbb{R}^3$ l'applicazione detta "proiezione sul piano xy" così definita

$$F(x, y, z) \underset{df}{=} (x, y, 0)$$

Dimostriamo che F è lineare $\quad \forall \bar{u}, \bar{v} \in \mathbb{R}^3$ e $\forall K \in \mathbb{R}$:

(1) Siano $\bar{u} = (u_1, u_2, u_3) \in \mathbb{R}^3$ e $\bar{v} = (\bar{v}_1, \bar{v}_2, \bar{v}_2) \in \mathbb{R}^3$

$\bar{u} + \bar{v} = (u_1 + v_1, u_2 + v_2, u_3 + v_3)$

$F(\bar{u} + \bar{v}) = F(u_1 + v_1, u_2 + v_2, u_3 + v_3) = (u_1 + v_1, u_2 + v_2, 0) =$

$\qquad = (u_1, u_2, 0) + (v_1, v_2, 0) = F(\bar{u}) + F(\bar{v})$

(ii) $K\bar{v} = K(v_1, v_2, v_3) = (Kv_1, Kv_2, Kv_3)$

$F(K\bar{v}) = F(Kv_1, Kv_2, Kv_3) = (Kv_1, Kv_2, 0) = K(v_1, v_2, 0) = K \cdot F(\bar{v})$

Esempio 3

Sia $T: \mathbb{R}^2 \longrightarrow \mathbb{R}^2$ l'applicazione detta "traslazione" così definita

$$T(x, y) \underset{df}{=} (x + 1, y + 2)$$

T non è lineare.

Per dimostrare che T non è lineare, possiamo ricorrere alla seguente proposizione:

Proposizione

Se $T: \mathbb{R}^n \longrightarrow \mathbb{R}^m$ un'applicazione lineare, allora $T(\bar{0}_{\mathbb{R}^n}) = \bar{0}_{\mathbb{R}^m}$

Vale anche l'implicazione inversa:

$$\text{Se } T(\overline{0}_{\mathbb{R}^m}) \neq \overline{0}_{\mathbb{R}^m} \implies T \text{ non è un'applicazione lineare.}$$

Nel caso dell'esercizio:

$$T(\overline{0}) = T(0,0) = (1,2) \neq \overline{0} \implies T \text{ non è lineare.}$$

$$\overline{0}_{\mathbb{R}^2} = \overline{0}$$

Definizione

Sia $T: \mathbb{R}^m \longrightarrow \mathbb{R}^m$ un'applicazione lineare tra spazi vettoriali su $\mathbb{R}$.
Se T è sia iniettiva, sia suriettiva, allora T viene detta _isomorfismo_ tra spazi vettoriali.

TEOREMA

Siano $\{\overline{v}_1, \overline{v}_2, \ldots, \overline{v}_m\}$ una base dello spazio vettoriale $\mathbb{R}^m$ e siano $\{\overline{u}_1, \overline{u}_2, \ldots, \overline{u}_m\}$ m vettori arbitrari di $\mathbb{R}^m$.
Esiste allora un'unica applicazione lineare $F: \mathbb{R}^m \longrightarrow \mathbb{R}^m$ tale che

$$F(\overline{v}_1) = \overline{u}_1 \ , \quad F(\overline{v}_2) = \overline{u}_2, \ \ldots, \quad F(\overline{v}_m) = \overline{u}_m$$

N.B.

Si osservi che i vettori $\{\overline{u}_1, \overline{u}_2, \ldots, \overline{u}_m\}$ del teorema precedente, sono completamente arbitrari, possono essere linearmente dipendenti, o possono essere uguali tra loro, ...

Definizione Sia $F: \mathbb{R}^n \longrightarrow \mathbb{R}^m$ un'applicazione lineare tra spazi vettoriali:

$$\operatorname{Im} F \underset{\text{df}}{=} \left\{ F(\bar{u}) : \bar{u} \in \mathbb{R}^n \right\} \qquad \underline{\text{Immagine di } F}$$

$$\operatorname{Ker} F \underset{\text{df}}{=} \left\{ \bar{u} \in \mathbb{R}^n : F(\bar{u}) = \bar{0} \right\} \qquad \underline{\textbf{Nucleo di } F}$$

Teorema Sia $F: \mathbb{R}^n \longrightarrow \mathbb{R}^m$ un'applicazione lineare. L'Immagine di F è un sottospazio vettoriale di $\mathbb{R}^m$ e il Nucleo di F è un sottospazio vettoriale di $\mathbb{R}^n$.

Proposizione Sia $F: \mathbb{R}^n \longrightarrow \mathbb{R}^m$ un'applicazione lineare. Supponiamo che i vettori $\left\{ \bar{v}_1, \bar{v}_2, \ldots, \bar{v}_m \right\}$ generino $\mathbb{R}^n$. Allora $\left\{ F(\bar{v}_1), F(\bar{v}_2), \ldots, F(\bar{v}_m) \right\}$ generano $\operatorname{Im} F$.

dimostrazione

Sia $\bar{u} \in \operatorname{Im} F \implies \exists \, \bar{v} \in \mathbb{R}^n$ tale che $F(\bar{v}) = \bar{u}$.

Dato che i vettori $\left\{ \bar{v}_1, \bar{v}_2, \ldots, \bar{v}_m \right\}$ generano $\mathbb{R}^n$, esistono $\alpha_1, \alpha_2, \ldots, \alpha_m \in \mathbb{R}$ tali che $\bar{v} = \alpha_1 \bar{v}_1 + \alpha_2 \bar{v}_2 + \ldots + \alpha_m \bar{v}_m$; di conseguenza,

$$\bar{u} = F(\bar{v}) = F(\alpha_1 \bar{v}_1 + \alpha_2 \bar{v}_2 + \ldots + \alpha_m \bar{v}_m) = \alpha_1 F(\bar{v}_1) + \alpha_2 F(\bar{v}_2) + \ldots + \alpha_m F(\bar{v}_m)$$

quindi i vettori $\left\{ F(\bar{v}_1), F(\bar{v}_2), \ldots, F(\bar{v}_m) \right\}$ generano $\operatorname{Im} F$. (c.v.d.)

TEOREMA Sia $F: \mathbb{R}^n \longrightarrow \mathbb{R}^m$ un'applicazione lineare. Allora

$$\underbrace{\dim \mathbb{R}^n}_{n} = \dim(\operatorname{Ker} F) + \dim(\operatorname{Im} F)$$

$$\boxed{\; n = \dim(\operatorname{Ker} F) + \dim(\operatorname{Im} F) \;}$$

Sia $A = \begin{bmatrix} a_{11} & a_{12} \dots & a_{1m} \\ a_{21} & a_{22} \dots & a_{2m} \\ \vdots & & \\ a_{m1} & a_{m2} \dots & a_{mm} \end{bmatrix}$ del tipo $m \times n$

Alla matrice A possiamo associare l'applicazione lineare:

$$T: \mathbb{R}^n \longrightarrow \mathbb{R}^m$$

$$T(\bar{v}) \underset{def}{=} A \cdot \bar{v}$$

($\bar{v}$ vettore colonna di $\mathbb{R}^n$ e $A\bar{v}$ vettore colonna di $\mathbb{R}^m$)

Per il precedente teorema:

$$\dim(\mathbb{R}^m) = \dim(\operatorname{Ker}T) + \dim(\operatorname{Im}T)$$

da cui:

$$\dim(\operatorname{Ker}T) = \underbrace{\dim(\mathbb{R}^m)}_{n} - \dim(\operatorname{Im}T)$$

$$= n - \dim(\operatorname{Im}T)$$

Sia $B = \{\bar{e}_1, \bar{e}_2, \dots, \bar{e}_m\}$ la base canonica di $\mathbb{R}^n$, che genera $\mathbb{R}^n$ e così $\{T(\bar{e}_1), T(\bar{e}_2), \dots, T(\bar{e}_n)\}$ generano lo spazio $(\operatorname{Im}T)$:

$$T(\bar{e}_1) = A \cdot \bar{e}_1 = \begin{bmatrix} a_{11} & a_{12} \dots & a_{1m} \\ a_{21} & a_{22} \dots & a_{2m} \\ \vdots & & \\ a_{m1} & a_{m2} \dots & a_{mm} \end{bmatrix} \begin{bmatrix} 1 \\ 0 \\ \vdots \\ 0 \end{bmatrix} = \begin{bmatrix} a_{11} \\ a_{21} \\ \vdots \\ a_{m1} \end{bmatrix}$$

$$T(\bar{e}_2) = A\bar{e}_2 = \begin{bmatrix} a_{11} & a_{12} \dots & a_{1m} \\ a_{21} & a_{22} \dots & a_{2n} \\ \vdots & & \\ a_{m1} & a_{m2} \dots & a_{mn} \end{bmatrix} \begin{bmatrix} 0 \\ 1 \\ 0 \\ \vdots \\ 0 \end{bmatrix} = \begin{bmatrix} a_{12} \\ a_{22} \\ \vdots \\ a_{m2} \end{bmatrix}$$

$$T(\bar{e}_n) = \begin{bmatrix} a_{11} & a_{12} & \dots & a_{1n} \\ a_{21} & a_{22} & \dots & a_{2n} \\ \vdots & & & \\ a_{m1} & a_{m2} & \dots & a_{mn} \end{bmatrix} \begin{bmatrix} 0 \\ 0 \\ \vdots \\ 1 \end{bmatrix} = \begin{bmatrix} a_{1n} \\ a_{2n} \\ \vdots \\ a_{mn} \end{bmatrix}$$

I vettori colonna della matrice A, generano il sottospazio $(\text{Im } T)$; segue allora che:

$$\boxed{\dim(\text{Im } T) = rg(A)}$$

Segue che: $\qquad \dim(\text{Ker } T) = m - rg(A)$

Per il calcolo del rango vale il seguente **TEOREMA**:

Il rango per righe e il rango per colonne di una matrice A coincidono. In altre parole la dimensione dello spazio vettoriale generato dalle righe di A coincide con la dimensione dello spazio vettoriale generato dalle colonne di A.

APPLICAZIONI SINGOLARI E NON SINGOLARI

Definizione

Un'applicazione lineare $F: \mathbb{R}^m \longrightarrow \mathbb{R}^m$ si dice <u>singolare</u> se esiste $\bar{v} \in \mathbb{R}^m$, con $\bar{v} \neq \bar{0}$, tale che $F(\bar{v}) = \bar{0}$.

$F: \mathbb{R}^m \longrightarrow \mathbb{R}^m$ è <u>non singolare</u> se $\text{Ker } F = \{\bar{0}\}$.

Proposizione

$\qquad F$ è non singolare $\iff F$ è iniettiva.

<u>dimostrazione</u> $\Longrightarrow$

Sia F non singolare e siano $\bar{u}, \bar{v} \in \mathbb{R}^m$ tali che $F(\bar{u}) = F(\bar{v})$

Segue allora che $F(\bar{u}) - F(\bar{v}) = \bar{0}$

$$F(\bar{u} - \bar{v}) = \bar{0}$$

Poiché F è non singolare: $\bar{u} - \bar{v} = \bar{0} \quad \Rightarrow \quad \bar{u} = \bar{v} \quad \Rightarrow \underline{F \text{ è iniettiva}}$.

$\Longleftarrow$ Sia F iniettiva, cioè ogni elemento del codominio ha al più una controimmagine; essendo F lineare: $F(\bar{0}_{\mathbb{R}^m}) = \bar{0}_{\mathbb{R}^m}$, quindi il vettore $\bar{0}_{\mathbb{R}^m}$ ha come controimmagine $\bar{0}_{\mathbb{R}^m}$ e per l'iniettività di F non ne può avere altre. Questo significa che $\text{Ker } F = \{\bar{0}_{\mathbb{R}^m}\}$, quindi $\underline{F \text{ è non singolare}}$.

Proposizione

Se W è un sottospazio vettoriale di V, dove V è uno spazio vettoriale di dimensione n, allora: $\dim(W) \leqq n$.

In particolare se $\dim(W) = n \implies W = V$.

Esempi Sia W un sottospazio di $\mathbb{R}^3$. Allora per la proposizione precedente $\dim(W)$ può essere solo $0, 1, 2, 3$.

Esaminiamo i seguenti casi:

1) Se $\dim(W) = 0 \implies W = \{\bar{0}\}$ è un punto

2) Se $\dim(W) = 1 \implies W$ è una retta per l'origine.

3) Se $\dim(W) = 2 \implies W$ è un piano per l'origine

4) Se $\dim(W) = 3 \implies W$ è l'intero spazio $\mathbb{R}^3$.

Esaminiamo il caso in cui $\boxed{m = n}$; una trasformazione lineare

$$T: \mathbb{R}^m \longrightarrow \mathbb{R}^m \quad \text{prende il nome di } \underline{endomorfismo}$$

La teoria che abbiamo sviluppato fino ad ora continua a sussistere, occorre solo osservare che essendo lo spazio vettoriale di arrivo lo stesso spazio vettoriale della partenza, si assume per esso un'unica base.

Consideriamo nuovamente il precedente teorema:

$$n = \dim(\text{Ker}\, T) + \dim(\text{Im}\, T)$$

essendo $\text{Ker}\, T$ e $\text{Im}\, T$ sottospazi vettoriali di $\mathbb{R}^m$.

Se $\dim(\text{Ker}\, T) = 0$, cioè se T è iniettiva $\implies \dim(\text{Im}\, T) = n$ e per la precedente proposizione $\text{Im}\, T = \mathbb{R}^m \implies \underline{T \text{ è suriettiva}}$.

Vale il seguente:

Teorema Sia $T: \mathbb{R}^m \longrightarrow \mathbb{R}^m$ un'applicazione lineare, T è iniettiva e suriettiva se e solo se T è non singolare.

Definizione

Un endomorfismo $T: \mathbb{R}^m \longrightarrow \mathbb{R}^m$ iniettivo e suriettivo, viene detto $\underline{automorfismo}$

Esercizio

Dimostrare che $T: \mathbb{R}^2 \longrightarrow \mathbb{R}^2$ così definito $T(x,y) = (y, 2x-y)$ è un automorfismo.

1) T è lineare:

- $\forall\, \bar{u}, \bar{v} \in \mathbb{R}^2 : T(\bar{u}+\bar{v}) = T(\bar{u}) + T(\bar{v})$

Siano $\bar{u} = (u_1, u_2)$ e $\bar{v} = (v_1, v_2) \implies \bar{u}+\bar{v} = (u_1+v_1, u_2+v_2)$

$$T(\bar{u}+\bar{v}) = T(u_1+v_1, u_2+v_2) = \left(u_2+v_2, \, 2(u_1+v_1)-(u_2+v_2)\right) =$$

$$= \left(u_1+v_1, \, 2u_1+2v_1-u_2-v_2\right) = \left(u_1, 2u_1-u_2\right)+\left(v_1, 2v_1-v_2\right) =$$

$$= T(\bar{v})+T(\bar{u})$$

- $\forall\, \alpha \in \mathbb{R}$ e $\forall\, \bar{v} \in \mathbb{R}^2 : T(\alpha \bar{v}) = \alpha\, T(\bar{v})$

Sia $\bar{v} = (v_1, v_2) \implies \alpha\bar{v} = (\alpha v_1, \alpha v_2)$

$$T(\alpha\bar{v}) = T(\alpha v_1, \alpha v_2) = \left(\alpha v_2, \, 2(\alpha v_1)-(\alpha v_2)\right) = \alpha \cdot \left(v_2, 2v_1-v_2\right) =$$

$$= \alpha\, T(\bar{v})$$

2) T è non singolare $\iff \operatorname{Ker} T = \{\bar{0}\}$

$$\operatorname{Ker} T = \left\{ \bar{v} \in \mathbb{R}^2 : T(\bar{v}) = \bar{0} \right\}$$

$$T(\bar{v}) = \bar{0} \iff (y, 2x-y) = (0,0) \iff \begin{cases} y = 0 \\ 2x-y = 0 \end{cases} \iff \begin{cases} y = 0 \\ 2x = 0 \end{cases}$$

quindi $\bar{v} = \bar{0}$

$\operatorname{Ker} T = \{\bar{0}\} \implies T$ è non singolare.

Segue allora che l'operatore lineare T è un automorfismo

<u>ESERCIZI</u>

1) Dimostrare che le seguenti applicazioni sono lineari:

    i) $F: \mathbb{R}^2 \longrightarrow \mathbb{R}^2$ definita da $F(x,y) = (x+y, x)$

    ii) $F: \mathbb{R}^3 \longrightarrow \mathbb{R}$ definita da $F(x,y,z) = 2x - 3y + 4z$

2) Dimostrare che le seguenti applicazioni non sono lineari

    i) $F: \mathbb{R}^2 \longrightarrow \mathbb{R}$ definita da $F(x,y) = xy$

    ii) $F: \mathbb{R}^2 \longrightarrow \mathbb{R}^3$ definita da $F(x,y) = (x+1, 2y, x+y)$

    iii) $F: \mathbb{R}^3 \longrightarrow \mathbb{R}^2$ definita da $F(x,y,z) = (|x|, 0)$

3) Sia $T: \mathbb{R}^2 \longrightarrow \mathbb{R}$ l'applicazione lineare per cui:

$$T(1,1) = 3$$
$$T(0,1) = -2$$

Trovare $T(a,b)$, essendo (a,b) il generico vettore di $\mathbb{R}^2$.

<u>Svolgimento</u>

Siano $\bar{u} = (1,1)$ e $\bar{v} = (0,1)$ i 2 vettori di $\mathbb{R}^2$, essi formano una base di $\mathbb{R}^2$ solo se sono linearmente indipendenti:

1) $\bar{u} = (1,1)$ e $\bar{v} = (0,1)$ sono l. indipendenti perchè $\det \begin{bmatrix} 1 & 1 \\ 0 & 1 \end{bmatrix} = 1 \neq 0$

2) $\bar{u}, \bar{v}$ sono generatori di $\mathbb{R}^2$, cioè ogni vettore $(a,b) \in \mathbb{R}^2$ si può scrivere come comb. lineare di $\bar{u}$ e $\bar{v}$ in modo unico:

$$(a,b) = \lambda \bar{u} + \mu \bar{v}$$
$$(a,b) = \lambda(1,1) + \mu(0,1)$$
$$(a,b) = (\lambda, \lambda+\mu)$$

$$\begin{cases} \lambda = a \\ \lambda + \mu = b \end{cases} \qquad \begin{cases} \lambda = a \\ \mu = b - a \end{cases}$$

Segue che $(a,b) = a \cdot (1,1) + (b-a) \cdot (0,1)$

Ora $T(a,b) = a \underbrace{T(1,1)}_{3} + (b-a) \underbrace{T(0,1)}_{-2} = 3a + (b-a)(-2) =$

$$= 3a + 2b + 2a =$$
$$= 5a - 2b$$

Segue che $T(a,b) = 5a - 2b$

4) Sia $T: \mathbb{R}^3 \longrightarrow \mathbb{R}^2$ l'applicazione lineare per cui

$$T(1,0,1) = (-1,2)$$
$$T(0,1,1) = (1,2)$$
$$T(0,0,1) = (0,-2)$$

Trovare $T(x,y,z)$.

5) Sia $F: \mathbb{R}^4 \longrightarrow \mathbb{R}^2$ l'applicazione lineare così definita:

$$F(x,y,z,t) = (x-y+z+t,\ x+2z-t,\ x+y+3z-3t)$$

i) Trovare una base e la dimensione del sottospazio $\operatorname{Im} F$

ii) Trovare una base e la dimensione del sottospazio $\operatorname{Ker} F$

6) Sia $F: \mathbb{R}^3 \longrightarrow \mathbb{R}^3$ l'applicazione lineare così definita:

$$F(x,y,z) = (x+2y-z,\ y+z,\ x+y-2z)$$

i) Trovare una base e la dimensione del sottospazio $\operatorname{Im} F$

ii) Trovare una base e la dimensione del sottospazio $\operatorname{Ker} F$

7) Trovare l'applicazione lineare $T: \mathbb{R}^3 \longrightarrow \mathbb{R}^4$ tale che:

$$T(1,0,0) = (1,2,0,-4)$$
$$T(0,1,0) = (2,0,-1,-3)$$
$$T(0,0,1) = (0,0,0,0)$$

8) Sia T l'operatore lineare su $\mathbb{R}^2$
$$T: \mathbb{R}^2 \longrightarrow \mathbb{R}^2$$
$$T(3,1) = (2,-4)$$
$$T(1,1) = (0,2)$$

Trovare $T(x,y)$ e in particolare $T(7,4)$.

9) Sia $T: \mathbb{R}^3 \longrightarrow \mathbb{R}^3$ l'operatore lineare definito nel seguente modo

$$T(x,y,z) = (2x, 4x-y, 2x+3y-z)$$

Dimostrare che T è un automorfismo.

10) Per ognuna delle seguenti applicazioni lineari si trovi una base e la dimensione dei sottospazi $\operatorname{Im} F$ e $\operatorname{Ker} F$:

$F: \mathbb{R}^3 \longrightarrow \mathbb{R}^3$ definita da $F(x,y,z) = (x+2y, y-z, x+2z)$

$F: \mathbb{R}^2 \longrightarrow \mathbb{R}^2$ definita da $F(x,y) = (x+y, x+y)$

$F: \mathbb{R}^3 \longrightarrow \mathbb{R}^2$ definita da $F(x,y,z) = (x+y, x+z)$

11) Trovare un'applicazione lineare $F: \mathbb{R}^3 \longrightarrow \mathbb{R}^3$ tale che:

$$F(1,0,0) = (1,2,3)$$
$$F(0,1,0) = (4,5,6)$$
$$F(0,0,1) = (0,0,0)$$

12) Trovare un'applicazione lineare $F: \mathbb{R}^4 \longrightarrow \mathbb{R}^3$ tale che:

$$F(1,0,0,0) = (1,2,0)$$
$$F(0,1,0,0) = (1,1,1)$$
$$F(0,0,1,0) = (0,1,0)$$
$$F(0,0,0,1) = (0,0,0)$$

13) Trovare un'applicazione lineare $F: \mathbb{R}^4 \longrightarrow \mathbb{R}^3$ il cui nucleo $(\operatorname{Ker} F)$ sia generato da $\bar{v}_1 = (1,2,3,4)$ e $\bar{v}_2 = (0,1,1,1)$.

$[R: \quad F(x,y,z,t) = (x+y-z, \ 2x+y-t, \ 0)]$

14) Si dimostri che ciascuno dei seguenti operatori lineari $T: \mathbb{R}^3 \to \mathbb{R}^3$ è un automorfismo:

$$T(x,y,z) = (x - 3y - 2z,\ y - 4z,\ z)$$
$$T(x,y,z) = (x + z,\ x - z,\ y)$$

15) Sia $T: \mathbb{R}^2 \to \mathbb{R}^3$ definita da $T(x,y) = (x+y,\ 2x - 3y,\ y)$
Stabilire se T è un'applicazione lineare.

16) Sia $T: \mathbb{R}^2 \to \mathbb{R}^3$ definita da $T(x,y) = (x+y+1,\ 2x - 3y,\ y^2)$
Stabilire se T è un'applicazione lineare.

17) Sia $T: \mathbb{R}^2 \to \mathbb{R}^3$ l'applicazione lineare definita sulla base canonica di $\mathbb{R}^2$ nel seguente modo:
$$T(\bar{e}_1) = (1,2,1) \quad \text{essendo } \bar{e}_1 = (1,0) \text{ ed } \bar{e}_2 = (0,1)$$
$$T(\bar{e}_2) = (4,0,1)$$
· Esplicitare la definizione di $T(x,y)$
· Stabilire se $(9,0,0)$, $(3,4,1)$, $(3,-2,0)$ appartengono a $\text{Im}\,T$.

18) Stabilire al variare di $K \in \mathbb{R}$ se l'applicazione $T: \mathbb{R}^2 \to \mathbb{R}^2$ definita da:
$$T(2,3) = (1,1)$$
$$T(0,1) = (-2,-1)$$
$$T(2,4) = (-1, K)$$
è lineare

$$[T \text{ è lineare solo per } K = 0]$$

19) Sia T l'endomorfismo di $\mathbb{R}^3$ definito da $T(x,y,z) = (2x+z,\ -2x+y+z,\ y+2z)$
· Determinare una base e la dimensione dei sottospazi $\text{Ker}\,T$ e $\text{Im}\,T$
· Determinare al variare del parametro reale K tutti i vettori $\bar{v} \in \mathbb{R}^3$ tali che $T(\bar{v}) = (3,3,K)$

20) Sia T l'endomorfismo di $\mathbb{R}^4$ definito da:
$$T(x,y,z,t) = (x+2y+z-2t,\ 2x+4y+2z+4t,\ 4x+8y+4z,\ -t)$$
· Calcola la dimensione dei sottospazi $\text{Ker}\,T$, $\text{Im}\,T$
· Sia W il sottospazio vettoriale di $\mathbb{R}^4$ generato dai vettori:
$$\bar{u}_1 = (-3,1,1,0) \quad \bar{u}_2 = (0,1,-2,0) \quad \bar{u}_3 = (-3,-1,-5,0)$$

Verificare che $W \subset \text{Ker} T$; vale l'uguaglianza?

21) Sia $T: \mathbb{R}^3 \longrightarrow \mathbb{R}^2$ l'applicazione lineare così definita

$$T(x,y,z) = (ax + 2ay + z, \; bx + 2by + z)$$

- Determinare i valori reali di a, b per i quali T è suriettiva
- Si trovi una base del $\text{Ker} T$ al variare di a, b.

22) Sia $T: \mathbb{R}^3 \longrightarrow \mathbb{R}^3$ l'applicazione lineare definita da:

$$T(x,y,z) = (2x+y, \; x+y, \; y+kz), \text{ con } k \text{ parametro reale.}$$

- Determinare la matrice A associata all'applicazione T rispetto alla base canonica
- Determinare al variare di $k \in \mathbb{R}$ una base e una dimensione di $\text{Ker} T$
- Determinare al variare di $k \in \mathbb{R}$ una base e una dimensione di $\text{Im} T$
- Stabilire al variare di $k \in \mathbb{R}$ se $\bar{u} = (3,-1,-5) \in \text{Im} T$ e in caso affermativo scrivere $\bar{u}$ come combinazione lineare dei vettori della base di $\text{Im} T$ trovata.

$$\underline{\underline{\text{Matrici e Operatori Lineari}}}$$

Si considerino gli spazi vettoriali $\mathbb{R}^n$ e $\mathbb{R}^m$ e sia $\{\bar{e}_1, \bar{e}_2, \ldots, \bar{e}_n\}$ una base arbitraria di $\mathbb{R}^n$ e sia $\{\bar{f}_1, \bar{f}_2, \ldots, \bar{f}_m\}$ una base arbitraria di $\mathbb{R}^m$.

Sia $T: \mathbb{R}^n \longrightarrow \mathbb{R}^m$ un'applicazione lineare, allora i vettori $T(\bar{e}_1), T(\bar{e}_2), \ldots, T(\bar{e}_n)$ appartengono a $\mathbb{R}^m$ e così ciascuno di essi è una combinazione lineare dei vettori: $\bar{f}_1, \bar{f}_2, \ldots, \bar{f}_m$.

$$T(\bar{e}_1) = a_{11}\bar{f}_1 + a_{12}\bar{f}_2 + \ldots + a_{1m}\bar{f}_m$$

$$T(\bar{e}_2) = a_{21}\bar{f}_1 + a_{22}\bar{f}_2 + \ldots + a_{2m}\bar{f}_m$$

$$\vdots$$

$$T(\bar{e}_n) = a_{n1}\bar{f}_1 + a_{n2}\bar{f}_2 + \ldots + a_{nm}\bar{f}_m$$

$$\text{Sia} \quad A = \begin{bmatrix} a_{11} & a_{12} & \ldots & a_{1m} \\ a_{21} & a_{22} & \ldots & a_{2m} \\ \vdots & & & \\ a_{n1} & a_{n2} & \ldots & a_{nm} \end{bmatrix} \quad e \quad \text{sia} \quad A_E^F \overset{def}{=} A^t = \begin{bmatrix} a_{11} & a_{21} & \ldots & a_{n1} \\ a_{12} & a_{22} & & a_{n2} \\ \vdots & \vdots & & \vdots \\ a_{1m} & a_{2m} & & a_{nm} \end{bmatrix}$$

A_E^F è la matrice associata a T nelle basi $\underbrace{\{\bar{e}_i\}}_{E}$ ed $\underbrace{\{\bar{f}_j\}}_{F}$

Sussiste il seguente TEOREMA

Per qualsiasi vettore $\bar{v} \in \mathbb{R}^n$ sia $\bar{v} = x_1\bar{e}_1 + x_2\bar{e}_2 + \ldots + x_n\bar{e}_n$ la sua rappresentazione nella base $\{\bar{e}_1, \bar{e}_2, \ldots, \bar{e}_n\}$ e sia $T(\bar{v}) = y_1\bar{f}_1 + y_2\bar{f}_2 + \ldots + y_m\bar{f}_m$ la rappresentazione del vettore $T(\bar{v})$ nella base $\{\bar{f}_1, \bar{f}_2, \ldots, \bar{f}_m\}$.

Allora indicato con $[\bar{v}]_E \overset{def}{=} \begin{bmatrix} x_1 \\ x_2 \\ \vdots \\ x_n \end{bmatrix}$ e $[T(\bar{v})]_F \overset{def}{=} \begin{bmatrix} y_1 \\ y_2 \\ \vdots \\ y_m \end{bmatrix}$ vale l'uguaglianza:

$$[T(\bar{v})]_F = A_F^E \cdot [\bar{v}]_E$$

(La <u>dimostrazione</u> viene fornita dopo gli esercizi seguenti.)

ESERCIZIO SVOLTO

Sia $F: \mathbb{R}^3 \longrightarrow \mathbb{R}^2$ l'applicazione lineare così definita:

$$F(x,y,z) = (3x + 2y - 4z,\ x - 5y + 3z)$$

Siano $B_1 = \{\bar{f}_1 = (1,1,1),\ \bar{f}_2 = (1,1,0),\ \bar{f}_3 = (1,0,0)\}$ base di $\mathbb{R}^3$ e

$$B_2 = \{\bar{g}_1 = (1,3),\ \bar{g}_2 = (2,5)\} \text{ base di } \mathbb{R}^2$$

- Trovare la matrice associata a F nelle due basi B_1 e B_2:

$$F(\bar{f}_1) = F(1,1,1) = (3+2-4,\ 1-5+3) = (1,-1)$$

$$F(\bar{f}_2) = F(1,1,0) = (3+2,\ 1-5) = (5,-4)$$

$$F(\bar{f}_3) = F(1,0,0) = (3,1)$$

Scriviamo i vettori $F(\bar{f}_1),\ F(\bar{f}_2),\ F(\bar{f}_3)$ nella base B_2:

$$F(\bar{f}_1) = a_{11}\,\bar{g}_1 + a_{12}\,\bar{g}_2$$
$$F(\bar{f}_2) = a_{21}\,\bar{g}_1 + a_{22}\,\bar{g}_2 \qquad \text{da cui } A = \begin{bmatrix} a_{11} & a_{12} \\ a_{21} & a_{22} \\ a_{31} & a_{32} \end{bmatrix}$$
$$F(\bar{f}_3) = a_{31}\,\bar{g}_1 + a_{32}\,\bar{g}_2$$

(a) $(1,-1) = a_{11}(1,3) + a_{12}(2,5)$

(B) $(5,-4) = a_{21}(1,3) + a_{22}(2,5)$

(c) $(3,1) = a_{31}(1,3) + a_{32}(2,5)$

(a)
$$\begin{cases} a_{11} + 2a_{12} = 1 \\ 3a_{11} + 5a_{12} = -1 \end{cases} ; \quad \begin{cases} a_{11} = 1 - 2a_{12} \\ 3(1 - 2a_{12}) + 5a_{12} = -1 \end{cases} ;$$

$$\begin{cases} a_{11} = 1 - 2a_{12} \\ 3 - 6a_{12} + 5a_{12} = -1 \end{cases} ; \quad \begin{cases} a_{11} = 1 - 2a_{12} \\ -a_{12} = -4 \end{cases} ;$$

$$\begin{cases} a_{11} = 1 - 2a_{12} \\ a_{12} = 4 \end{cases} ; \quad \begin{cases} a_{11} = 1 - 8 = -7 \\ a_{12} = 4 \end{cases}$$

(B)
$$\begin{cases} a_{21} + 2a_{22} = 5 \\ 3a_{21} + 5a_{22} = -4 \end{cases} ; \quad \begin{cases} a_{21} = 5 - 2a_{22} \\ 3(5 - 2a_{22}) + 5a_{22} = -4 \end{cases} ; \quad \begin{cases} a_{21} = 5 - 2a_{22} \\ 15 - 6a_{22} + 5a_{22} = -4 \end{cases} ; \quad \begin{cases} a_{21} = 5 - 2a_{22} \\ -a_{22} = -19 \end{cases} ;$$

$$\begin{cases} a_{21} = 5 - 2a_{22} \\ a_{22} = 19 \end{cases} ; \quad \begin{cases} a_{21} = -33 \\ a_{22} = 19 \end{cases}$$

(c) $\begin{cases} a_{31} + 2a_{32} = 3 \\ 3a_{31} + 5a_{32} = 1 \end{cases}$; $\begin{cases} a_{31} = 3 - 2a_{32} \\ 3(3 - 2a_{32}) + 5a_{32} = 1 \end{cases}$; $\begin{cases} a_{31} = 3 - 2a_{32} \\ 9 - 6a_{32} + 5a_{32} = 1 \end{cases}$

$\begin{cases} a_{31} = 3 - 2a_{32} \\ -a_{32} = -8 \end{cases}$; $\begin{cases} a_{31} = 3 - 16 = -13 \\ a_{32} = 8 \end{cases}$

$$A_{B_1}^{B_2} = A^t = \begin{bmatrix} -7 & 4 \\ -33 & 19 \\ -13 & 8 \end{bmatrix}^t = \begin{bmatrix} -7 & -33 & -13 \\ 4 & 19 & 8 \end{bmatrix}$$

- Verificare la validità del precedente teorema utilizzando il vettore $\bar{v} = (1, 2, -1)$

Scrivo $\bar{v}$ come combinazione lineare dei vettori della base B_1:

$$\bar{v} = \alpha\,\bar{f}_1 + \beta\,\bar{f}_2 + \gamma\,\bar{f}_3$$

$$(1, 2, -1) = \alpha\,(1,1,1) + \beta(1,1,0) + \gamma(1,0,0)$$

$\begin{cases} \alpha + \beta + \gamma = 1 \\ \alpha + \beta = 2 \\ \alpha = -1 \end{cases}$; $\begin{cases} \alpha = -1 \\ -1 + \beta + \gamma = 1 \\ -1 + \beta = 2 \end{cases}$; $\begin{cases} \alpha = -1 \\ \beta = 3 \\ \gamma = 1 + 1 - 3 \end{cases}$; $\begin{cases} \alpha = -1 \\ \beta = 3 \\ \gamma = -1 \end{cases}$

Segue che $[\bar{v}]_{B_1} = \begin{bmatrix} -1 \\ 3 \\ -1 \end{bmatrix}$

Vogliamo verificare che: $\qquad A_{B_1}^{B_2} \cdot [\bar{v}]_{B_1} = [T(\bar{v})]_{B_2}$

$$A_{B_1}^{B_2} \cdot [\bar{v}]_{B_1} = \begin{bmatrix} -7 & -33 & -13 \\ 4 & 19 & 8 \end{bmatrix} \cdot \begin{bmatrix} -1 \\ 3 \\ -1 \end{bmatrix} = \begin{bmatrix} 7 - 99 + 13 \\ -4 + 57 - 8 \end{bmatrix} = \begin{bmatrix} -79 \\ 45 \end{bmatrix}$$

Per verificare la validità del teorema, calcolo:

$T(\bar{v}) = T(1, 2, -1) = (3 + 4 + 4,\ 1 - 10 - 3) = (11, -12)$

$T(\bar{v}) = a \cdot \bar{g}_1 + b \cdot \bar{g}_2$ ($T(\bar{v})$ comb. lineare della base $B_2 = \{\bar{g}_1, \bar{g}_2\}$)

$(11, -12) = a \cdot (1, 3) + b(2, 5)$

$\begin{cases} a + 2b = 11 \\ 3a + 5b = -12 \end{cases}$; $\begin{cases} a = 11 - 2b \\ 3(11 - 2b) + 5b = -12 \end{cases}$; $\begin{cases} a = 11 - 2b \\ 33 - 6b + 5b = -12 \end{cases}$; $\begin{cases} a = 11 - 2b \\ -b = -45 \end{cases}$; $\begin{cases} a = 11 - 90 = -79 \\ b = 45 \end{cases}$

Segue allora che $[T(\bar{v})]_{B_2} = \begin{bmatrix} -79 \\ 45 \end{bmatrix}$

Sussiste pertanto l'uguaglianza: $A^{B_2}_{B_1} \cdot [\bar{v}]_{B_1} = [T(\bar{v})]_{B_2}$

<u>OSSERVAZIONE</u>

Nel caso di un endomorfismo $T: \mathbb{R}^n \to \mathbb{R}^n$, la matrice associata a T viene detta matrice associata a T nella base $\{\underbrace{\bar{e}_1, \bar{e}_2, \ldots, \bar{e}_m}_{E}\}$ e viene indicata con A_E.

Sia lo spazio di partenza sia lo spazio di arrivo hanno la stessa base E.

La matrice associata A_E è una matrice quadrata di ordine m.

<u>ESERCIZI</u>

1) Trovare la rappresentazione matriciale di ognuno dei seguenti operatori T, relativamente alla base usuale $\{\bar{e}_1 = (1,0),\ \bar{e}_2 = (0,1)\}$:

   (i) $T(x,y) = (2y, 3x-y)$

   (ii) $T(x,y) = (3x-4y, x+5y)$

2) Trovare la rappresentazione matriciale di ogni operatore dell'esercizio precedente relativamente alla base $\{\bar{f}_1 = (1,3),\ \bar{f}_2 = (2,5)\}$.

3) Trovare la rappresentazione matriciale di ognuno dei seguenti operatori lineari T su $\mathbb{R}^3$, relativamente alla base $E = \{\bar{e}_1 = (1,0,0),\ \bar{e}_2 = (0,1,0),\ \bar{e}_3 = (0,0,1)\}$

   (i) $T(x,y,z) = (2x-3y+4z, 5x-y+2z, 4x+7y)$

   (ii) $T(x,y,z) = (2y+z, x-4y, 3x)$

4) Sia T l'operatore lineare su $\mathbb{R}^3$ definito nel seguente modo:

$T(x,y,z) = (2y+z, x-4y, 3x)$

(i) Trovare la matrice associata a T nella base $F = \{\, \bar{f}_1 = (1,1,1),\ \bar{f}_2 = (1,1,0),\ \bar{f}_3 = (1,0,0)\}$ che indichiamo con A_F.

(ii) Verificare che $A_F \cdot [\bar{v}]_F = [T(\bar{v})]_F$

5) Sia $A = \begin{bmatrix} 1 & 2 \\ 3 & 4 \end{bmatrix}$ e sia T l'operatore lineare su $\mathbb{R}^2$ definito da $T(\bar{v}) = A\bar{v}$ (in cui $\bar{v}$ è scritto come vettore colonna). Trovare la matrice di T per ciascuna delle seguenti basi:

(i) $E = \{\, \bar{e}_1 = (1,0),\ \bar{e}_2 = (0,1)\}$

(ii) $F = \{\, \bar{f}_1 = (1,3),\ \bar{f}_2 = (2,5)\}$

6) Trovare la rappresentazione matriciale di ciascuna delle seguenti applicazioni lineari, relative alle basi usuali di $\mathbb{R}^m$:

(i) $F: \mathbb{R}^2 \longrightarrow \mathbb{R}^3$ definita da $F(x,y) = (3x-y, 2x+4y, 5x-6y)$

(ii) $F: \mathbb{R}^4 \longrightarrow \mathbb{R}^2$ definita da $F(x,y,z,t) = (3x-4y+2z-5t,\ 5x+7y-z-2t)$

(iii) $F: \mathbb{R}^3 \longrightarrow \mathbb{R}^4$ definita da $F(x,y,z) = (2x+3y-8z,\ x+y+z,\ 4x-5z,\ 6y)$

7) Sia $T: \mathbb{R}^2 \longrightarrow \mathbb{R}^2$ definita da $T(x,y) = (2x-3y, x+4y)$

Trovare la matrice associata a T nelle basi $E = \{\, \bar{e}_1 = (1,0),\ \bar{e}_2 = (0,1)\}$ e $F = \{\, \bar{f}_1 = (1,3),\ \bar{f}_2 = (2,5)\}$.

8) Sia $A = \begin{bmatrix} 2 & 5 & -3 \\ 1 & -4 & 7 \end{bmatrix}$

Ricordiamo che A determina un'applicazione lineare $T: \mathbb{R}^3 \longrightarrow \mathbb{R}^2$ definita da $T(\bar{v}) = A \cdot \bar{v}$, nella quale $\bar{v}$ è scritto come vettore colonna.

(i) dimostrare che la rappresentazione matriciale di T, relativa alla base usuale di $\mathbb{R}^3$ e $\mathbb{R}^2$ è la stessa matrice A.

(ii) trovare la rappresentazione matriciale di T in relazione alle seguenti basi di $\mathbb{R}^3$ e $\mathbb{R}^2$:

$F = \{\, \bar{f}_1 = (1,1,1),\ \bar{f}_2 = (1,1,0),\ \bar{f}_3 = (1,0,0)\}$, $G = \{\, \bar{g}_1 = (1,3),\ \bar{g}_2 = (2,5)\}$

9) Trovare la matrice di tutti gli operatori lineari T su $\mathbb{R}^2$, rispetto alla base usuale $B = \{\bar{e}_1 = (1,0), \bar{e}_2 = (0,1)\}$:

(i) $T(x,y) = (2x - 3y, x + y)$

(ii) $T(x,y) = (5x + y, 3x - 2y)$

10) Si trovi la rappresentazione matriciale, relativa alla base usuale, dei seguenti operatori lineari T su $\mathbb{R}^3$:

(i) $T(x,y,z) = (x, y, 0)$

(ii) $T(x,y,z) = (2x - 7y - 4z, 3x + y + 4z, 6x - 8y + z)$

(iii) $T(x,y,z) = (z, y+z, x+y+z)$

11) Si trovi la rappresentazione matriciale di queste applicazioni lineari relativamente alle basi usuali per $\mathbb{R}^m$:

(i) $F: \mathbb{R}^3 \longrightarrow \mathbb{R}^2$ definita da $F(x,y,z) = (2x - 4y + 9z, 5x + 3y - 2z)$

(ii) $F: \mathbb{R}^2 \longrightarrow \mathbb{R}^4$ definita da $F(x,y) = (3x + 4y, 5x - 2y, x + 7y, 4x)$

(iii) $F: \mathbb{R}^4 \longrightarrow \mathbb{R}$ definita da $F(x,y,z,t) = 2x + 3y - 7z - t$

(iv) $F: \mathbb{R} \longrightarrow \mathbb{R}^2$ definita da $F(x) = (3x, 5x)$

12) Sia $F: \mathbb{R}^3 \longrightarrow \mathbb{R}^2$ l'applicazione lineare definita da:
$$F(x,y,z) = (2x + y - z, 3x - 2y + 4z)$$

(i) Trovare la matrice di F nelle seguenti basi di $\mathbb{R}^3$ e $\mathbb{R}^2$:
$$B = \{\bar{b}_1 = (1,1,1), \bar{b}_2 = (1,1,0), \bar{b}_3 = (1,0,0)\} \ , \ E = \{\bar{e}_1 = (1,3), \bar{e}_2 = (1,4)\}$$

(ii) Verificare che $\forall \bar{v} \in \mathbb{R}^3: \quad A_B^E \cdot [\bar{v}]_B = [T(\bar{v})]_E$

dimostrazione del precedente TEOREMA

Sia $T: \mathbb{R}^n \longrightarrow \mathbb{R}^m$ la trasformazione lineare assegnata

Sia $\{\bar{e}_1, \bar{e}_2, \ldots, \bar{e}_n\}$ una base di $\mathbb{R}^n$ e sia $\{\bar{f}_1, \bar{f}_2, \ldots, \bar{f}_m\}$ una base di $\mathbb{R}^m$.

Consideriamo le immagini di ciascun elemento della base $\{\bar{e}_1, \bar{e}_2, \ldots, \bar{e}_n\}$, esprimendole come combinazione lineare degli elementi $\{\bar{f}_1, \bar{f}_2, \ldots, \bar{f}_m\}$ che costituiscono una base di $\mathbb{R}^m$:

$$T(\bar{e}_1) = a_{11}\bar{f}_1 + a_{12}\bar{f}_2 + \ldots + a_{1m}\bar{f}_m$$

$$T(\bar{e}_2) = a_{21}\bar{f}_1 + a_{22}\bar{f}_2 + \ldots + a_{2m}\bar{f}_m$$

$$\vdots$$

$$T(\bar{e}_n) = a_{m1}\bar{f}_1 + a_{m2}\bar{f}_2 + \ldots + a_{mm}\bar{f}_m$$

Sia $\bar{v} \in \mathbb{R}^n$: $\bar{v} = x_1\bar{e}_1 + x_2\bar{e}_2 + \ldots + x_n\bar{e}_n$

Calcoliamo $T(\bar{v}) = x_1 T(\bar{e}_1) + x_2 T(\bar{e}_2) + \ldots + x_n T(\bar{e}_n) =$

$$= x_1\left(a_{11}\bar{f}_1 + a_{12}\bar{f}_2 + \ldots + a_{1m}\bar{f}_m\right) + x_2\left(a_{21}\bar{f}_1 + a_{22}\bar{f}_2 + \ldots + a_{2m}\bar{f}_m\right) + \ldots +$$

$$+ x_m\left(a_{n1}\bar{f}_1 + a_{m2}\bar{f}_2 + \ldots + a_{mm}\bar{f}_m\right) =$$

$$= \left(a_{11}x_1 + a_{21}x_2 + \ldots + a_{n1}x_n\right)\bar{f}_1 + \left(a_{12}x_1 + a_{21}x_2 + \ldots + a_{m2}x_m\right)\bar{f}_2 + \ldots +$$

$$+ \left(a_{1m}x_1 + a_{2m}x_2 + \ldots + a_{mm}x_m\right)\bar{f}_m$$

$T(\bar{v}) \in \mathbb{R}^m$: $\quad T(\bar{v}) = y_1\bar{f}_1 + y_2\bar{f}_2 + \ldots + y_m\bar{f}_m$

Valgono le seguenti uguaglianze:

$$\begin{cases} a_{11}x_1 + a_{21}x_2 + \ldots + a_{m1}x_m = y_1 \\ a_{12}x_1 + a_{22}x_2 + \ldots + a_{m2}x_m = y_2 \\ \vdots \\ a_{1m}x_1 + a_{2m}x_2 + \ldots + a_{mm}x_m = y_m \end{cases} \iff \underbrace{\begin{bmatrix} a_{11} & a_{21} & \ldots & a_{m1} \\ a_{12} & a_{22} & \ldots & a_{m2} \\ \vdots & & & \\ a_{1m} & a_{2m} & \ldots & a_{mm} \end{bmatrix}}_{A_E^F} \underbrace{\begin{bmatrix} x_1 \\ x_2 \\ \vdots \\ x_m \end{bmatrix}}_{[\bar{v}]_E} = \underbrace{\begin{bmatrix} y_1 \\ y_2 \\ \vdots \\ y_m \end{bmatrix}}_{[T(\bar{v})]_F}$$

$$A_E^F \cdot [\bar{v}]_E = [T(\bar{v})]_F$$

$$(c.v.d.)$$

Autovalori e Autovettori di un endomorfismo

Definizione

Sia $T: \mathbb{R}^m \longrightarrow \mathbb{R}^m$ una trasformazione lineare. Si dice che il vettore $\bar{v} \neq \bar{0}$ è un <u>autovettore di T</u> corrispondente all'<u>autovalore $\lambda \in \mathbb{R}$</u> se vale la seguente relazione:

$$T(\bar{v}) = \lambda \cdot \bar{v}$$

Per ogni autovalore $\lambda \in \mathbb{R}$ di T si definisce <u>autospazio V_λ</u> il sottospazio vettoriale di $\mathbb{R}^m$ costituito da tutti gli autovettori $\bar{v}$ associati allo stesso autovalore λ;

in formule $\qquad V_\lambda = \left\{ \bar{v} \in \mathbb{R}^m : T(\bar{v}) = \lambda \bar{v} \right\}$

PROPOSIZIONE

Sia $T: \mathbb{R}^m \longrightarrow \mathbb{R}^m$ una trasformazione lineare.

Se $\mathbb{R}^m$ ammette una base di autovettori $\bar{v}_1, \bar{v}_2, \dots, \bar{v}_m$ di T, di autovalori rispettivamente $\lambda_1, \lambda_2, \dots, \lambda_m$, allora la matrice associata a T in questa base è la matrice diagonale Δ i cui elementi sono ordinatamente gli autovalori e viceversa.

$$\Delta = \begin{bmatrix} \lambda_1 & 0 & \dots & 0 \\ 0 & \lambda_2 & \dots & 0 \\ \vdots & & & \\ 0 & 0 & \dots & \lambda_n \end{bmatrix}$$

È possibile riformulare <u>la proposizione</u> in termini di matrici:

data una matrice A di ordine m su $\mathbb{R}$ (o su $\mathbb{C}$) ci si chiede sotto quali condizioni esista una matrice invertibile B di ordine m su $\mathbb{R}$ (o su $\mathbb{C}$) tale che $B^{-1} A B = \Delta$, dove Δ è una matrice diagonale.

Se ciò è possibile la matrice Δ si chiama <u>forma diagonale di A</u> e la matrice B è una <u>matrice diagonalizzante</u>.

La matrice diagonalizzante B, se esiste, ha per colonne le componenti di una base di autovettori.

Determinazione analitica degli autovettori e degli autovalori

Consideriamo una trasformazione lineare $T: \mathbb{R}^n \to \mathbb{R}^n$. Sia A la matrice associata a T rispetto ad una __base qualsiasi__ di $\mathbb{R}^n$.
La condizione che definisce un autovettore ed il corrispondente autovalore è:
$$T(\bar{v}) = \lambda \bar{v}$$
In termini di matrice e di componenti di $\bar{v}$ nella base scelta:
$$A\bar{x} = \lambda \bar{x}$$

$$A\bar{x} - \lambda \bar{x} = \bar{0}$$

$$(A - \lambda I_n) \cdot \bar{x} = 0$$

essendo A la matrice associata a T nella base di $\mathbb{R}^n$ scelta in modo arbitrario e sia $\bar{x}$ la n-upla delle componenti di $\bar{v}$ in tale base.

$A - \lambda I_n$ è una matrice quadrata di ordine n; per ottenere un vettore $\bar{x} \neq \bar{0}$ che soddisfi all'equazione $(A - \lambda I_n)\bar{x} = \bar{0}$ occorre che $\det(A - \lambda I_n) = 0$

Successivamente per ogni autovalore λ_i soddisfacenti all'equazione:
$$\det(A - \lambda I_n) = 0$$
si considera il sistema:
$$(A - \lambda I_n) \cdot \bar{x} = \bar{0}$$
fornisce le equazioni cartesiane del corrispondente autospazio V_{λ_i}, la cui dimensione dipende dal rango della matrice:
$$(A - \lambda I_n)$$
Quest'ultima informazione è molto importante in quanto determina il numero massimo di autovettori indipendenti che si possano trovare in corrispondenza dell'autovettore λ_i.

__N.B.__ $p_A(\lambda) \overset{\text{def}}{=} \det(A - \lambda I_n)$ viene detto __polinomio caratteristico__ di A

Si indica anche con $p_T(\lambda)$

CASO DELL'ESISTENZA DI UNA BASE DI AUTOVETTORI

Proposizione

Se $\bar{v}_1, \bar{v}_2, \ldots, \bar{v}_k$ sono K autovettori di $T: \mathbb{R}^n \longrightarrow \mathbb{R}^n$ corrispondenti rispettivamente agli autovalori $\lambda_1, \lambda_2, \ldots, \lambda_k$ e tali autovalori sono distinti, allora gli autovettori sono indipendenti.

Una __base di autovettori__ esiste certamente nel caso in cui gli m autovalori siano tutti distinti.

Infatti per ogni $i = 1, 2, \ldots, m$ la matrice $(A - \lambda_i I_n)$ è singolare e quindi nel suo nucleo vi è almeno un vettore non nullo.

Determiniamo così m autovalori che, essendo indipendenti per la precedente proposizione, costituiscano una base di $\mathbb{R}^n$.

Definizione

Per ogni autovalore λ_i di T diremo __molteplicità algebrica__ la sua molteplicità in quanto radice del polinomio caratteristico $P_T(\lambda)$;
chiameremo __molteplicità geometrica__ la dimensione del corrispondente autospazio V_{λ_i}.

Proposizione

Per ogni autovalore λ_i la molteplicità geometrica è minore o uguale alla molteplicità algebrica.

TEOREMA

Sia $T: \mathbb{R}^n \longrightarrow \mathbb{R}^n$ una trasformazione lineare.
Siano $\lambda_1, \lambda_2, \ldots, \lambda_k$ i suoi autovalori (reali) distinti di molteplicità algebrica rispettivamente $m_1, m_2, \ldots, m_k$ tali che $m_1 + m_2 + \ldots + m_k = n$. Se per i corrispondenti autospazi V_{λ_i} risulta $\dim(V_{\lambda_i}) = m_i \Rightarrow T$ si diagonalizza

MATRICI SIMMETRICHE E ORTOGONALI

Definizione   Sia A una matrice quadrata di ordine m su $\mathbb{R}$. La matrice A si dice **SIMMETRICA** $\Leftrightarrow$ $A = A^t$

Definizione   Sia O una matrice quadrata di ordine m su $\mathbb{R}$. La matrice O si dice **ortogonale** $\Leftrightarrow$ $O^t \, O = I_n$, cioè $\Leftrightarrow$ $O^{-1} = O^t$

Definizione   L'insieme delle matrici ortogonali di ordine m su $\mathbb{R}$ si indica con $O(m)$.

Proposizione   Sia M una matrice ortogonale di ordine 2 su $\mathbb{R}$, allora M è del tipo $\begin{bmatrix} a & -b \\ b & a \end{bmatrix}$ oppure del tipo $\begin{bmatrix} a & b \\ b & -a \end{bmatrix}$ con $a^2 + b^2 = 1$

Segue che $\det \begin{bmatrix} a & -b \\ b & a \end{bmatrix} = a^2 + b^2 = 1$

$$\det \begin{bmatrix} a & b \\ b & -a \end{bmatrix} = -(a^2 + b^2) = -1$$

Proposizione   (Caso generale) Ogni matrice ortogonale di ordine m su $\mathbb{R}$ ha il determinante uguale a ± 1.

Definizione   Ogni matrice quadrata ortogonale con determinante $= 1$ definisce una trasformazione lineare $T: \mathbb{R}^n \to \mathbb{R}^n$ detta **ROTAZIONE**.

Teorema   Sia A una matrice simmetrica di ordine m su $\mathbb{R}$ e sia $T: \mathbb{R}^n \to \mathbb{R}^n$ l'applicazione lineare associata ad A.
Valgono le seguenti proprietà:
(i) Gli autovalori di A sono reali.
(ii) Ad autovalori distinti corrispondono autovettori ortogonali
(iii) A è diagonalizzabile su $\mathbb{R}$, cioè esiste una matrice ortogonale O tale che $O^{-1} A \, O = \Delta$, dove Δ è una matrice diagonale.

Per lo studio degli autovalori di A (matrice simmetrica di ordine m su $\mathbb{R}$) si può ricorrere al **Criterio di Cartesio**: Sia $p(\lambda) = a_0 \lambda^n + a_1 \lambda^{n-1} + \dots + a_{n-1}\lambda + a_n$ un polinomio di grado m in λ a coefficienti reali e tale che le sue radici siano tutte reali. Scritta la successione ordinata dei coefficienti: $a_0, a_1, a_2, \dots, a_m$ non nulli di $p(\lambda)$, si considerino le variazioni di segno nel passaggio da ciascun coefficiente al successivo. Il numero delle variazioni di segno uguaglia allora il numero delle radici positive di $p(\lambda)$.

TEOREMA Un operatore lineare $T: \mathbb{R}^n \longrightarrow \mathbb{R}^n$ può essere rappresentato mediante una matrice diagonale $\Delta \iff \mathbb{R}^n$ possiede una base costituita da autovettori di T.

In tal caso gli elementi della diagonale di Δ sono i corrispondenti autovalori.

Forma alternativa del TEOREMA

Una matrice quadrata A di ordine m è diagonalizzabile se e solo se A possiede m autovettori linearmente indipendenti.

In tal caso gli elementi della diagonale della matrice Δ sono gli autovalori relativi.

Se P è la matrice le cui colonne sono costituite dagli m autovettori indipendenti di A:

$$\Delta = P^{-1} A P$$

ESERCIZIO

Consideriamo la matrice $A = \begin{bmatrix} 1 & 2 \\ 3 & 2 \end{bmatrix}$. Stabilire se A è diagonalizzabile.

Polinomio caratteristico $p_A(\lambda) = \det\left(\begin{bmatrix} 1 & 2 \\ 3 & 2 \end{bmatrix} - \lambda \begin{bmatrix} 1 & 0 \\ 0 & 1 \end{bmatrix} \right) =$

$$= \det \begin{bmatrix} 1-\lambda & 2 \\ 3 & 2-\lambda \end{bmatrix} = (1-\lambda)(2-\lambda) - 6 =$$

$$= 2 - \lambda - 2\lambda + \lambda^2 - 6 =$$

$$= \lambda^2 - 3\lambda - 4$$

$$p_A(\lambda) = 0$$

$$\lambda^2 - 3\lambda - 4 = 0$$

$$\lambda_{1,2} = \frac{3 \pm \sqrt{9+16}}{2} = \frac{3 \pm 5}{2} \begin{cases} -1 \\ 4 \end{cases}$$

$\lambda_1 = -1$ ha molteplicità algebrica 1

$\lambda_2 = 4$ ha molteplicità algebrica 1

Autospazio associato a $\lambda_1 = -1$

$$V_{\lambda_1} = \left\{ \bar{x} \in \mathbb{R}^2 : (A - \lambda_1 I_2)\bar{x} = \bar{0} \quad \text{con } \bar{x} \neq \bar{0} \right\}$$

$$(A + I_2)\bar{x} = \bar{0}$$

$$\left(\begin{bmatrix} 1 & 2 \\ 3 & 2 \end{bmatrix} + \begin{bmatrix} 1 & 0 \\ 0 & 1 \end{bmatrix} \right) \begin{pmatrix} x \\ y \end{pmatrix} = \begin{pmatrix} 0 \\ 0 \end{pmatrix}$$

$$\begin{bmatrix} 2 & 2 \\ 3 & 3 \end{bmatrix} \begin{bmatrix} x \\ y \end{bmatrix} = \begin{bmatrix} 0 \\ 0 \end{bmatrix}$$

$$\begin{cases} 2x + 2y = 0 \\ 3x + 3y = 0 \end{cases}$$

$$\begin{cases} x + y = 0 \\ x + y = 0 \end{cases} \quad \Longleftrightarrow \quad y = -x$$

Parametrizzando l'equazione $y = -x$

$$\begin{cases} x = t \\ y = -t \end{cases}$$

$$\begin{bmatrix} x \\ y \end{bmatrix} = t \begin{bmatrix} 1 \\ -1 \end{bmatrix}$$

L'autospazio V_{λ_1} ha dimensione 1 ed è generato da $\begin{bmatrix} 1 \\ -1 \end{bmatrix}$

Autospazio associato a $\lambda_2 = 4$

$$V_{\lambda_2} = \left\{ \bar{x} \in \mathbb{R}^2 : (A - \lambda_2 I_2)\bar{x} = \bar{0} , \text{ con } \bar{x} \neq \bar{0} \right\}$$

$$(A - 4 I_2)\bar{x} = \bar{0}$$

$$\left(\begin{bmatrix} 1 & 2 \\ 3 & 2 \end{bmatrix} - 4 \begin{bmatrix} 1 & 0 \\ 0 & 1 \end{bmatrix} \right) \begin{pmatrix} x \\ y \end{pmatrix} = \begin{pmatrix} 0 \\ 0 \end{pmatrix}$$

$$\left(\begin{bmatrix} 1 & 2 \\ 3 & 2 \end{bmatrix} - \begin{bmatrix} 4 & 0 \\ 0 & 4 \end{bmatrix} \right) \begin{pmatrix} x \\ y \end{pmatrix} = \begin{pmatrix} 0 \\ 0 \end{pmatrix}$$

$$\begin{bmatrix} -3 & 2 \\ 3 & -2 \end{bmatrix} \begin{bmatrix} x \\ y \end{bmatrix} = \begin{bmatrix} 0 \\ 0 \end{bmatrix}$$

$$\begin{cases} -3x + 2y = 0 \\ 3x - 2y = 0 \end{cases}$$

Segue : $-3x + 2y = 0$

$$2y = 3x$$

$$y = \frac{3}{2}x$$

$$\begin{cases} x = u \\ y = \frac{3}{2}u \end{cases}$$

$$\begin{bmatrix} x \\ y \end{bmatrix} = u \begin{bmatrix} 1 \\ \frac{3}{2} \end{bmatrix}$$

L'autospazio V_{λ_2} ha dimensione 1 ed è generato da $\begin{bmatrix} 1 \\ 3/2 \end{bmatrix}$

$\dim\left(V_{\lambda_1}\right) = 1 =$ molteplicità algebrica di λ_1

$\dim\left(V_{\lambda_2}\right) = 1 =$ molteplicità algebrica di λ_2

La matrice è diagonalizzabile.

$$P = \begin{bmatrix} 1 & 1 \\ \frac{3}{2} & -1 \end{bmatrix} \qquad P^{-1} = \frac{1}{\left(-\frac{5}{2}\right)} \cdot \begin{bmatrix} -1 & -1 \\ -\frac{3}{2} & 1 \end{bmatrix} = \left(-\frac{2}{5}\right) \cdot \begin{bmatrix} -1 & -1 \\ -\frac{3}{2} & 1 \end{bmatrix} = \begin{bmatrix} \frac{2}{5} & \frac{2}{5} \\ \frac{3}{5} & -\frac{2}{5} \end{bmatrix}$$

$\left(\det P = -1 - \frac{3}{2} = -\frac{5}{2} \right)$

$$P^{-1} A P = \begin{bmatrix} \frac{2}{5} & \frac{2}{5} \\ \frac{3}{5} & -\frac{2}{5} \end{bmatrix} \underbrace{\begin{bmatrix} 1 & 2 \\ 3 & 2 \end{bmatrix} \begin{bmatrix} 1 & 1 \\ \frac{3}{2} & -1 \end{bmatrix}}_{\begin{bmatrix} 8/5 & 8/5 \\ -3/5 & 2/5 \end{bmatrix}} = \begin{bmatrix} \frac{8}{5} + \frac{12}{5} & \frac{8}{5} - \frac{8}{5} \\ -\frac{3}{5} + \frac{3}{5} & -\frac{3}{5} - \frac{2}{5} \end{bmatrix} = \underbrace{\begin{bmatrix} 4 & 0 \\ 0 & -1 \end{bmatrix}}_{\Delta}$$

ESERCIZI

1) Sia $A = \begin{bmatrix} 1 & 4 \\ 2 & 3 \end{bmatrix}$

   (i) Trovare tutti gli autovalori di A e gli autovettori relativi

   (ii) Trovare una matrice invertibile P tale che $P^{-1}AP$ sia diagonale.

2) Per ogni matrice trovare tutti gli autovalori e una base per ogni autospazio:

   (i) $A = \begin{bmatrix} 1 & -3 & 3 \\ 3 & -5 & 3 \\ 6 & -6 & 4 \end{bmatrix}$ (ii) $B = \begin{bmatrix} -3 & 1 & -1 \\ -7 & 5 & -1 \\ -6 & 6 & -2 \end{bmatrix}$

3) Siano $A = \begin{bmatrix} 3 & -1 \\ 1 & 1 \end{bmatrix}$ e $B = \begin{bmatrix} 1 & -1 \\ 2 & -1 \end{bmatrix}$

   Trovare tutti gli autovalori e i corrispondenti autovettori di A e di B.

4) Sia $T: \mathbb{R}^3 \longrightarrow \mathbb{R}^3$ una trasformazione lineare così definita:

$$T(x,y,z) = (2x+y,\ y-z,\ 2y+4z)$$

   Trovare tutti gli autovalori e una base di ogni autospazio di T.

5) Trovare per ogni matrice tutti gli autovalori ed una base per ogni autospazio:

   (i) $A = \begin{bmatrix} 3 & 1 & 1 \\ 2 & 4 & 2 \\ 1 & 1 & 3 \end{bmatrix}$ (ii) $B = \begin{bmatrix} 1 & 2 & 2 \\ 1 & 2 & -1 \\ -1 & 1 & 4 \end{bmatrix}$ (iii) $C = \begin{bmatrix} 1 & 1 & 0 \\ 0 & 1 & 0 \\ 0 & 0 & 1 \end{bmatrix}$

6) Consideriamo $A = \begin{bmatrix} 2 & -1 \\ 1 & 4 \end{bmatrix}$ e $B = \begin{bmatrix} 3 & -1 \\ 13 & -3 \end{bmatrix}$

   Trovare tutti gli autovalori e gli autovettori linearmente indipendenti.

7) Per ciascuno delle seguenti trasformazioni lineari si trovino tutti gli autovalori e una base per ogni autospazio $T: \mathbb{R}^2 \longrightarrow \mathbb{R}^2$

   (i) $T(x,y) = (3x+3y,\ x+5y)$

   (ii) $T(x,y) = (y,x)$

   (iii) $T(x,y) = (y,-x)$

8) Di ciascuno degli operatori $T: \mathbb{R}^3 \longrightarrow \mathbb{R}^3$ che seguono determinare gli autovalori e una base per ogni autospazio:

    (i) $T(x,y,z) = (x+y+z,\ 2y+z,\ 2y+3z)$

    (ii) $T(x,y,z) = (x+y,\ y+z,\ -2y-z)$

    (iii) $T(x,y,z) = (x-y,\ 2x+3y+2z,\ x+y+2z)$

<u>PRODOTTO SCALARE IN $\mathbb{R}^n$ E BASI ORTONORMALI</u>

<u>Definizione</u> Si chiama "prodotto scalare canonico" in $\mathbb{R}^n$, la funzione che associa ad ogni coppia di vettori $\bar{x}, \bar{y} \in \mathbb{R}^n$, scritti nella base canonica di $\mathbb{R}^n$:

$$\bar{x} = x_1 \bar{e}_1 + x_2 \bar{e}_2 + \ldots + x_n \bar{e}_n \quad , \quad \bar{y} = y_1 \bar{e}_1 + y_2 \bar{e}_2 + \ldots + y_n \bar{e}_n$$

il numero reale così definito:

$$\bar{x} \cdot \bar{y} \overset{def}{=} x_1 y_1 + x_2 y_2 + \ldots + x_n y_n$$

<u>Osservazione</u> $\bar{x} \cdot \bar{x} = x_1^2 + x_2^2 + \ldots + x_n^2$ è la generalizzazione in $\mathbb{R}^n$ del teorema di Pitagora.

<u>Definizione</u> Si dice modulo di $\bar{x} \in \mathbb{R}^n$ il numero reale non negativo così definito:

$$\|\bar{x}\| \overset{def}{=} \sqrt{\bar{x} \cdot \bar{x}} = \sqrt{x_1^2 + x_2^2 + \ldots + x_n^2} \qquad \left(\bar{x} \cdot \bar{x} = \|x\|^2 \right)$$

<u>Proposizione</u> $\forall$ coppia $\bar{x}, \bar{y} \in \mathbb{R}^n$ vale la disuguaglianza di Schwarz :

$$\left(\bar{x} \cdot \bar{y} \right)^2 - \|\bar{x}\|^2 \cdot \|\bar{y}\|^2 \leq 0$$

Dalla disuguaglianza di Schwarz è possibile definire il coseno dell'angolo formato dai 2 vettori $\bar{x}, \bar{y} \in \mathbb{R}^n$:

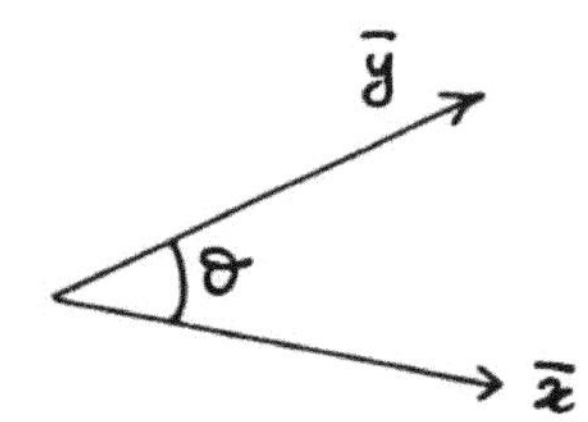

$$\cos\vartheta = \frac{\bar{x} \cdot \bar{y}}{\|x\| \cdot \|y\|} = \frac{x_1 y_1 + x_2 y_2 + \ldots + x_n y_n}{\sqrt{x_1^2 + x_2^2 + \ldots + x_n^2} \cdot \sqrt{y_1^2 + y_2^2 + \ldots + y_n^2}}$$

Con l'introduzione in $\mathbb{R}^n$ del prodotto scalare canonico è possibile effettuare in $\mathbb{R}^n$ misure di distanze e misure angolari.
In particolare segue :

<u>Definizione</u> Siano $\bar{x}, \bar{y} \in \mathbb{R}^n$, si dice che essi sono <u>ortogonali</u> $\left(\bar{x} \perp \bar{y} \right)$ se e solo se il loro prodotto scalare è nullo : $\bar{x} \cdot \bar{y} = 0$

<u>Proposizione</u> Se $\bar{x} \cdot \bar{y} = 0 \quad \forall \bar{x} \in \mathbb{R}^n \implies \bar{y} = \bar{0}$

<u>Definizione</u>

Sia $\bar{v}_1, \bar{v}_2, \ldots, \bar{v}_n \in \mathbb{R}^n$ una base per lo spazio vettoriale $\mathbb{R}^n$, munito di prodotto scalare canonico. Essa si dice <u>ortonormale</u> se:

1) $\|\bar{v}_i\| = 1 \quad \forall i = 1, 2, \ldots, n$

2) $\bar{v}_i \cdot \bar{v}_j = 0 \quad \forall i, j = 1, 2, \ldots, n \quad \text{con } i \neq j$

Il prodotto scalare permette di definire la proiezione di un vettore su un sottospazio vettoriale:

Sia $W = \mathcal{L}(\bar{w})$ il sottospazio di $\mathbb{R}^n$ generato da $\bar{w}$ e sia $\bar{x}$ un qualsiasi vettore di $\mathbb{R}^n$.

Allora <u>la proiezione di $\bar{x}$ sul sottospazio W</u> è data da:

$$P_{\bar{w}}(\bar{x}) \overset{\text{def}}{=} \frac{\bar{x} \cdot \bar{w}}{\|w\|^2} \cdot \bar{w}$$

il <u>vettore proiezione</u> $P_{\bar{w}}(\bar{x}) \in W$

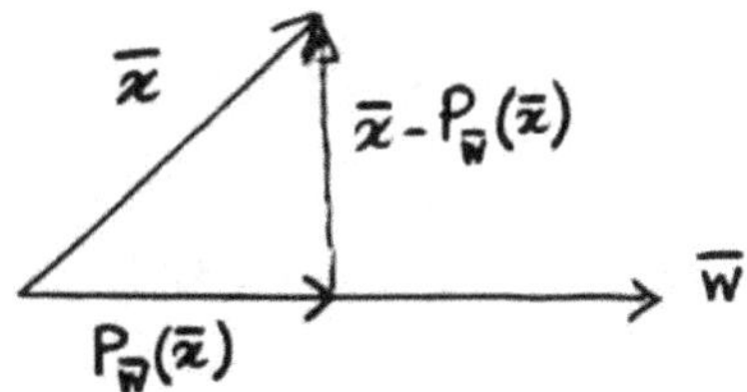

<u>Procedimento di ortonormalizzazione di Gram-Schmidt</u>

Sia W un sottospazio di $\mathbb{R}^n$ di dimensione $K \leq n$ e sia $\bar{w}_1, \bar{w}_2, \ldots, \bar{w}_K$ una sua base.

Vogliamo descrivere un metodo che permetta di costruire una base ortonormale del sottospazio W a partire dai vettori dati.

Questo metodo è dovuto a Gram-Schmidt; si procede in questo modo:

$\bar{u}_1 \overset{\text{def}}{=} \bar{w}_1$

$\bar{u}_2 \overset{\text{def}}{=} \bar{w}_2 - P_{\bar{u}_1}(\bar{w}_2)$ essendo $P_{\bar{u}_1}(\bar{w}_2)$ la proiezione di $\bar{w}_2$ sul sottospazio generato da $\bar{u}_1$

$\bar{u}_3 \overset{\text{def}}{=} \bar{w}_3 - P_{\bar{u}_1}(\bar{w}_3) - P_{\bar{u}_2}(\bar{w}_3)$

$\vdots$

$\bar{u}_i \overset{\text{def}}{=} \bar{w}_i - P_{\bar{u}_1}(\bar{w}_i) - P_{\bar{u}_2}(\bar{w}_i) - \ldots - P_{\bar{u}_{i-1}}(\bar{w}_i)$

$\vdots$

$\bar{u}_K \overset{\text{def}}{=} \bar{w}_K - P_{\bar{u}_1}(\bar{w}_K) - P_{\bar{u}_2}(\bar{w}_K) - \ldots - P_{\bar{u}_{K-1}}(\bar{w}_K)$

Si dimostra che i vettori ottenuti $\{\bar{u}_1, \bar{u}_2, \dots, \bar{u}_k\}$ sono una base di W, tra loro perpendicolari.

Successivamente dividendo ciascun vettore ottenuto per il rispettivo modulo, si ottiene una **base ortonormale** del sottospazio W.

Esercizio

Consideriamo la seguente base $\mathcal{B} = \{(1,1,1), (0,1,1), (0,0,1)\}$ di $\mathbb{R}^3$.

Costruire, partendo da $\mathcal{B}$, una base ortonormale di $\mathbb{R}^3$.

Siano $\quad \bar{w}_1 = (1,1,1) \quad \bar{w}_2 = (0,1,1) \quad \bar{w}_3 = (0,0,1)$

$$\bar{u}_1 = w_1 = (1,1,1)$$

$$\bar{u}_2 = w_2 - P_{\bar{u}_1}(w_2) = w_2 - \frac{\bar{w}_2 \cdot \bar{u}_1}{\|\bar{u}_1\|^2} \cdot \bar{u}_1 =$$

$$= (0,1,1) - \frac{(0,1,1)\cdot(1,1,1)}{1^2 + 1^2 + 1^2} \cdot (1,1,1) =$$

$$= (0,1,1) - \frac{1+1}{3} \cdot (1,1,1) = (0,1,1) - \left(\frac{2}{3}, \frac{2}{3}, \frac{2}{3}\right) =$$

$$= \left(-\frac{2}{3}, 1-\frac{2}{3}, 1-\frac{2}{3}\right) = \left(-\frac{2}{3}, \frac{1}{3}, \frac{1}{3}\right)$$

$$\bar{u}_3 = \bar{w}_3 - P_{\bar{u}_1}(\bar{w}_3) - P_{\bar{u}_2}(\bar{w}_3) =$$

$$= \bar{w}_3 - \frac{\bar{w}_3 \cdot \bar{u}_1}{\|\bar{u}_1\|^2} \cdot \bar{u}_1 - \frac{\bar{w}_3 \cdot \bar{u}_2}{\|\bar{u}_2\|^2} \cdot \bar{u}_2 =$$

$$= (0,0,1) - \frac{(0,0,1)\cdot(1,1,1)}{3} \cdot (1,1,1) - \frac{(0,0,1)\cdot\left(-\frac{2}{3}, \frac{1}{3}, \frac{1}{3}\right)}{\left(-\frac{2}{3}\right)^2 + \left(\frac{1}{3}\right)^2 + \left(\frac{1}{3}\right)^2} \cdot \left(-\frac{2}{3}, \frac{1}{3}, \frac{1}{3}\right) =$$

$$= (0,0,1) - \frac{1}{3}(1,1,1) - \frac{\frac{1}{3}}{\frac{4}{9} + \frac{1}{9} + \frac{1}{9}} \cdot \left(-\frac{2}{3}, \frac{1}{3}, \frac{1}{3}\right) =$$

$$= (0,0,1) - \left(\frac{1}{3}, \frac{1}{3}, \frac{1}{3}\right) - \frac{\frac{1}{3}}{\frac{6}{9}} \cdot \left(-\frac{2}{3}, \frac{1}{3}, \frac{1}{3}\right) =$$

$$= (0,0,1) - \left(\frac{1}{3}, \frac{1}{3}, \frac{1}{3}\right) - \left(-\frac{1}{3}, \frac{1}{6}, \frac{1}{6}\right) = \left(-\frac{1}{3}+\frac{1}{3}, \, -\frac{1}{3}-\frac{1}{6}, \, 1-\frac{1}{3}-\frac{1}{6}\right) = \left(0, -\frac{1}{2}, \frac{1}{2}\right)$$

$$\mathcal{B}' = \left\{\bar{u}_1 = (1,1,1) \quad \bar{u}_2 = \left(-\frac{2}{3}, \frac{1}{3}, \frac{1}{3}\right), \, \bar{u}_3 = \left(0, -\frac{1}{2}, \frac{1}{2}\right)\right\} \text{ è una base ortogonale.}$$

Normalizziamo i vettori della base:

$$\overline{b}_1 = \frac{\overline{u}_1}{\|\overline{u}_1\|} = \frac{1}{\sqrt{3}} \cdot (1,1,1) = \left(\frac{1}{\sqrt{3}}, \frac{1}{\sqrt{3}}, \frac{1}{\sqrt{3}}\right)$$

$$\overline{b}_2 = \frac{\overline{u}_2}{\|\overline{u}_2\|} = \frac{1}{\sqrt{6}/3} \cdot \left(-\frac{2}{3}, \frac{1}{3}, \frac{1}{3}\right) = \frac{3}{\sqrt{6}}\left(-\frac{2}{3}, \frac{1}{3}, \frac{1}{3}\right) = \left(-\frac{2}{\sqrt{6}}, \frac{1}{\sqrt{6}}, \frac{1}{\sqrt{6}}\right), \quad \text{dove}$$

$$\|\overline{u}_2\| = \sqrt{\left(-\frac{2}{3}\right)^2 + \left(\frac{1}{3}\right)^2 + \left(\frac{1}{3}\right)^2} = \sqrt{\frac{4}{9} + \frac{1}{9} + \frac{1}{9}} = \frac{\sqrt{6}}{3}$$

$$\overline{b}_3 = \frac{\overline{u}_3}{\|\overline{u}_3\|} = \frac{1}{\sqrt{2}/2} \cdot \left(0, -\frac{1}{2}, \frac{1}{2}\right) = \frac{2}{\sqrt{2}}\left(0, -\frac{1}{2}, \frac{1}{2}\right) = \left(0, -\frac{1}{\sqrt{2}}, \frac{1}{\sqrt{2}}\right)$$

$$\|\overline{u}_3\| = \sqrt{0^2 + \left(-\frac{1}{2}\right)^2 + \left(\frac{1}{2}\right)^2} = \sqrt{\frac{1}{4} + \frac{1}{4}} = \sqrt{\frac{2}{4}} = \frac{\sqrt{2}}{2}$$

La base ortonormale di $\mathbb{R}^3$ è:

$$\left\{ \overline{b}_1 = \left(\frac{1}{\sqrt{3}}, \frac{1}{\sqrt{3}}, \frac{1}{\sqrt{3}}\right), \ \overline{b}_2 = \left(-\frac{2}{\sqrt{6}}, \frac{1}{\sqrt{6}}, \frac{1}{\sqrt{6}}\right), \ \overline{b}_3 = \left(0, -\frac{1}{\sqrt{2}}, \frac{1}{\sqrt{2}}\right) \right\}$$

Il prodotto scalare in $\mathbb{R}$ ci permette di costruire la matrice ortogonale O che diagonalizza la matrice simmetrica reale di ordine n, espressa al punto (iii) del TEOREMA di pagina 117:

esiste una matrice ortogonale O tale che:

$$O^{-1} A\, O = \Delta \quad (\text{matrice diagonale})$$

Per determinare la matrice ortogonale O occorre determinare una base ortonormale di vettori.

- Se gli autovalori sono distinti gli autovettori sono automaticamente ortogonali ed è sufficiente normalizzarli.

- Se gli autovalori sono ripetuti (hanno molteplicità algebrica > 1) per ogni autospazio di dimensione maggiore di 1 occorre scegliere una base ortonormale; essa si può ottenere da una base qualunque tramite il procedimento di ortonormalizzazione di Gram-Schmidt.

<u>RIDUZIONE DELLE CONICHE A FORMA CANONICA</u>

<u>Definizione</u> Si chiama conica il luogo geometrico dei punti $P(x,y)$ del piano le cui coordinate soddisfano ad un'equazione del tipo:

$$a_{11} x^2 + 2 a_{12} xy + a_{22} y^2 + 2 a_{13} x + 2 a_{23} y + a_{33} = 0$$

Scriviamo la conica in forma matriciale

$$[x \ y \ 1] \cdot \begin{bmatrix} a_{11} & a_{12} & a_{13} \\ a_{21} & a_{22} & a_{23} \\ a_{31} & a_{32} & a_{33} \end{bmatrix} \cdot \begin{bmatrix} x \\ y \\ 1 \end{bmatrix} = 0$$

$$\underbrace{\qquad\qquad\qquad}_{A}$$

dove $a_{ij} = a_{ji}$

La matrice A è una matrice reale di ordine 3 simmetrica.

Indichiamo con $\varphi(x,y) = a_{11} x^2 + 2 a_{12} xy + a_{22} y^2$ la forma quadrata della conica e sia:

$$A_{33} = \begin{bmatrix} a_{11} & a_{12} \\ a_{21} & a_{22} \end{bmatrix}, \quad \text{con } a_{12} = a_{21}$$

la matrice della forma quadratica φ.

La forma quadratica può essere scritta in forma matriciale:

$$\varphi(x,y) = [x, y] \cdot A_{33} \cdot \begin{bmatrix} x \\ y \end{bmatrix}$$

Per la matrice A_{33} si trovano gli autovalori λ_1 e λ_2 reali e quindi gli autovettori associati.

Studiare la conica $\mathscr{C}: 5x^2 + 5y^2 - 6xy + 16\sqrt{2}\,x + 38 = 0$

La forma quadratica associata alla conica è:

$$\varphi(x,y) = 5x^2 - 6xy + 5y^2$$

$$a_{11} = 5$$
$$2a_{12} = -6 \longrightarrow a_{12} = -3$$
$$a_{22} = 5$$

$$A_{33} = \begin{bmatrix} 5 & -3 \\ -3 & 5 \end{bmatrix}$$

Calcoliamo gli autovalori di A_{33}:

$$p(\lambda) = \det\left[A_{33} - \lambda I_2\right] =$$

$$= \det\left[\begin{bmatrix} 5 & -3 \\ -3 & 5 \end{bmatrix} - \begin{bmatrix} \lambda & 0 \\ 0 & \lambda \end{bmatrix}\right] = \det\begin{bmatrix} 5-\lambda & -3 \\ -3 & 5-\lambda \end{bmatrix} =$$

$$= (5-\lambda)^2 - 9 = 25 + \lambda^2 - 10\lambda - 9 = \lambda^2 - 10\lambda + 16$$

$$p(\lambda) = 0$$
$$\lambda^2 - 10\lambda + 16 = 0$$
$$\lambda_{1,2} = 5 \pm \sqrt{25-16} = 5 \pm 3 \begin{cases} 2 \\ 8 \end{cases}$$

Determino l'autospazio associato a $\lambda_1 = 2$

$$\left(A_{33} - 2 I_2\right)\overline{x} = \overline{0}$$

$$\left(\begin{bmatrix} 5 & -3 \\ -3 & 5 \end{bmatrix} - \begin{bmatrix} 2 & 0 \\ 0 & 2 \end{bmatrix}\right)\begin{pmatrix} x \\ y \end{pmatrix} = \begin{pmatrix} 0 \\ 0 \end{pmatrix}$$

$$\begin{bmatrix} 3 & -3 \\ -3 & 3 \end{bmatrix}\begin{pmatrix} x \\ y \end{pmatrix} = \begin{pmatrix} 0 \\ 0 \end{pmatrix}$$

$$\begin{cases} 3x - 3y = 0 \\ -3x + 3y = 0 \end{cases}$$

$$y = x$$

Per determinare una base di autovettori che genera tale autospazio, parametrizzo l'equazione $y = x$: $\begin{cases} x = t \\ y = t \end{cases}$ da cui $\begin{bmatrix} x \\ y \end{bmatrix} = t\begin{bmatrix} 1 \\ 1 \end{bmatrix} \implies \overline{u}_1 = \begin{bmatrix} 1 \\ 1 \end{bmatrix}$

autovettore associato a $\lambda_1 = 2$

Determino l'autospazio associato a $\lambda_2 = 8$

$$\left(A_{33} - 8 I_2\right) \bar{x} = \bar{0}$$

$$\left(\begin{bmatrix} 5 & -3 \\ -3 & 5 \end{bmatrix} - \begin{bmatrix} 8 & 0 \\ 0 & 8 \end{bmatrix}\right)\begin{pmatrix} x \\ y \end{pmatrix} = \begin{pmatrix} 0 \\ 0 \end{pmatrix}$$

$$\begin{bmatrix} -3 & -3 \\ -3 & -3 \end{bmatrix}\begin{bmatrix} x \\ y \end{bmatrix} = \begin{bmatrix} 0 \\ 0 \end{bmatrix}$$

$$\begin{cases} -3x - 3y = 0 \\ -3x - 3y = 0 \end{cases}$$

$$x + y = 0$$

$$y = -x$$

Per determinare una base di autovettori che genera tale autospazio, parametrizzo questa eq. lineare:

$$\begin{cases} x = t \\ y = -t \end{cases}$$

$$\begin{bmatrix} x \\ y \end{bmatrix} = t \begin{bmatrix} 1 \\ -1 \end{bmatrix}$$

L'autovettore associato all'autovalore $\lambda = 8$ è $\bar{u}_2 = \begin{bmatrix} 1 \\ -1 \end{bmatrix}$

I vettori $\bar{u}_1$ e $\bar{u}_2$ sono ortogonali, affinché siano ortonormali, divido $\bar{u}_1, \bar{u}_2$ per le loro rispettive norma (modulo):

$$\bar{w}_1 = \frac{\bar{u}_1}{\|\bar{u}_1\|} = \frac{1}{\sqrt{2}} \cdot \begin{bmatrix} 1 \\ 1 \end{bmatrix} = \begin{bmatrix} \frac{1}{\sqrt{2}} \\ \frac{1}{\sqrt{2}} \end{bmatrix}$$

$$\bar{w}_2 = \frac{\bar{u}_2}{\|\bar{u}_2\|} = \frac{1}{\sqrt{2}} \cdot \begin{bmatrix} 1 \\ -1 \end{bmatrix} = \begin{bmatrix} \frac{1}{\sqrt{2}} \\ -\frac{1}{\sqrt{2}} \end{bmatrix}$$

Dispongo i vettori colonna $\bar{w}_1, \bar{w}_2$ in modo tale che la matrice ortogonale ottenuta abbia determinante $=1$ (Rotazione)

$$P = \begin{bmatrix} \frac{1}{\sqrt{2}} & \frac{1}{\sqrt{2}} \\ -\frac{1}{\sqrt{2}} & \frac{1}{\sqrt{2}} \end{bmatrix} \quad , \quad \det P = 1$$

Si considera la trasformazione di coordinate:

$$\bar{x} = P \cdot \bar{x}'$$

$$\begin{bmatrix} x \\ y \end{bmatrix} = \begin{bmatrix} 1/\sqrt{2} & 1/\sqrt{2} \\ -1/\sqrt{2} & 1/\sqrt{2} \end{bmatrix} \begin{bmatrix} x' \\ y' \end{bmatrix}$$

$$\begin{cases} x = \frac{1}{\sqrt{2}} x' + \frac{1}{\sqrt{2}} y' \\[2mm] y = -\frac{1}{\sqrt{2}} x' + \frac{1}{\sqrt{2}} y' \end{cases}$$

Sostituendo nell'eq. della conica:

$$5x^2 + 5y^2 - 6xy + 16\sqrt{2}\,x + 38 = 0$$

$$5\left(\frac{1}{\sqrt{2}} x' + \frac{1}{\sqrt{2}} y'\right)^2 + 5\left(-\frac{1}{\sqrt{2}} x' + \frac{1}{\sqrt{2}} y'\right)^2 - 6\left(\frac{1}{\sqrt{2}} x' + \frac{1}{\sqrt{2}} y'\right)\left(-\frac{1}{\sqrt{2}} x' + \frac{1}{\sqrt{2}} y'\right) + 16\sqrt{2}\left(\frac{1}{\sqrt{2}} x' + \frac{1}{\sqrt{2}} y'\right) + 38 = 0$$

$$\frac{5}{2}\left(x'^2 + y'^2 + 2x'y'\right) + \frac{5}{2}\left(x'^2 + y'^2 - 2x'y'\right) - \frac{6}{2}\left(y'^2 - x'^2\right) + 16\left(x' + y'\right) + 38 = 0$$

$$5x'^2 + 5y'^2 + 10x'y' + 5x'^2 + 5y'^2 - 10x'y' - 6y'^2 + 6x'^2 + 32x' + 32y' + 76 = 0$$

$$16x'^2 + 4y'^2 + 32x' + 32y' + 76 = 0$$

$$8x'^2 + 2y'^2 + 16x' + 16y' + 38 = 0$$

$$4\left(x'^2 + 2x'\right) + \left(y'^2 + 8y'\right) + 19 = 0$$

$$4\left(x'^2 + 2x' + 1\right) + \left(y'^2 + 8y' + 16\right) + 19 - 4 - 16 = 0$$

$$4\left(x' + 1\right)^2 + \left(y' + 4\right) - 1 = 0$$

Effettuiamo la traslazione:

$$\begin{cases} X = x'+1 \\ Y = y'+4 \end{cases}$$

da cui: $\quad 4X^2 + Y^2 = 1$

$$\frac{X^2}{\frac{1}{4}} + \frac{Y^2}{1} = 1$$

L'eq. assegnata rappresenta <u>un'ellisse di semiassi</u>:

$$a = \sqrt{\frac{1}{4}} = \frac{1}{2}$$

$$b = 1$$

ESERCIZI

Determinare una trasformazione di coordinate ortonormali che riduca le seguenti coniche in forma normale:

1) $9x^2 - 54x + 25y^2 - 100y - 44 = 0$

2) $x^2 - y^2 + 2\sqrt{3}\,xy - 2(\sqrt{3}+2)x + 2(\sqrt{3}-2)y + \dfrac{3\sqrt{3}-1}{2} = 0$

3) $25x^2 - 7y^2 + 48y + 7 = 0$

4) $2x^2 - 2\sqrt{3}\,xy + 2x + 2\sqrt{3}\,y - 5 = 0$

5) $x^2 + 9y^2 - 6xy + 2x - 6y + 1 = 0$

6) $x^2 + 2xy + x + 2y - 2 = 0$

ESERCIZI

1) Siano $\bar{v}_1 = (0,1,0,1)$ $\bar{v}_2 = (2,1,0,1)$ $\bar{v}_3 = (-1,0,0,1)$ $\bar{v}_4 = (0,0,1,0)$ 4 vettori che formano una base di $\mathbb{R}^4$.
Applicare il procedimento di Gram-Schmidt ai vettori $\bar{v}_1, \bar{v}_2, \bar{v}_3, \bar{v}_4$

2) Ortonormalizzare la seguente base di $\mathbb{R}^4$:
$\bar{v}_1 = (1,1,-1,-1)$ $\bar{v}_2 = (1,1,1,1)$ $\bar{v}_3 = (-1,-1,-1,1)$ $\bar{v}_4 = (1,0,0,1)$.

Nello spazio vettoriale $\mathbb{R}^3$ consideriamo la base ortonormale di versori $\{\bar{e}_1, \bar{e}_2, \bar{e}_3\}$, dove $\bar{e}_1 = (1,0,0)$, $\bar{e}_2 = (0,1,0)$, $\bar{e}_3 = (0,0,1)$.

A tale base possiamo associare un sistema di 3 rette orientate, a due a due perpendicolari, incidenti in uno stesso punto O, che conservano lo stesso orientamento dei versori $\bar{e}_1, \bar{e}_2, \bar{e}_3$; il sistema di queste 3 rette orientate viene chiamato: sistema di assi cartesiani ortogonali e sono indicate con x, y, z.

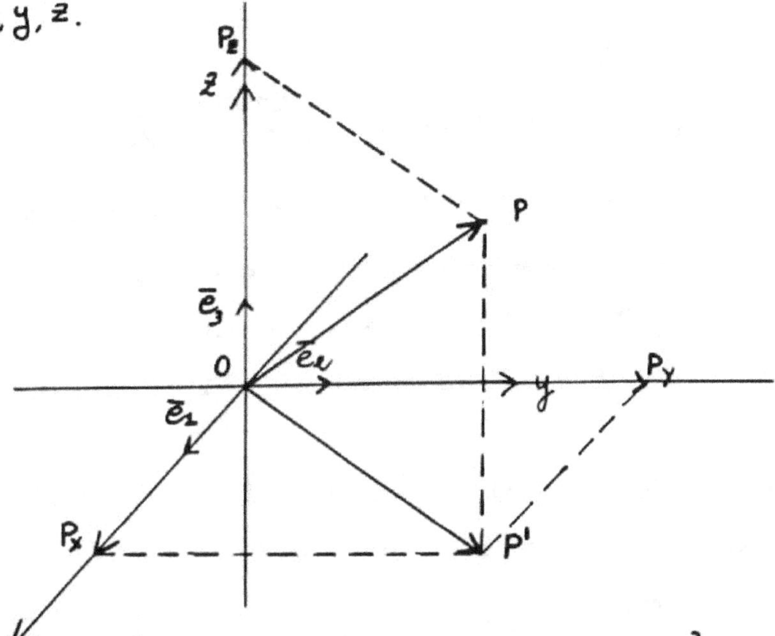

Per ogni punto P dello spazio (ordinario), consideriamo il vettore $\overline{OP} \in \mathbb{R}^3$:

   1) sia $\overline{OP'}$ la proiezione di $\overline{OP}$ sul piano xy

   2) sia $\overline{OP_z}$ la proiezione di $\overline{OP}$ sull'asse z

Segue allora che $\overline{OP} = \overline{OP'} + \overline{OP_z}$ (somma vettoriale); scomponiamo il vettore $\overline{OP'}$:

   3) sia $\overline{OP_x}$ la proiezione di $\overline{OP'}$ sull'asse x

   4) sia $\overline{OP_y}$ la proiezione di $\overline{OP'}$ sull'asse y

Segue che: $\overline{OP'} = \overline{OP_x} + \overline{OP_y}$ e quindi che $\overline{OP} = \overline{OP_x} + \overline{OP_y} + \overline{OP_z}$

I vettori $\overline{OP_x}$ e $\overline{e_1}$ sono paralleli, quindi linearmente dipendenti:

$$\overline{OP_x} = x \cdot \overline{e_1} \,, \text{ con } x \in \mathbb{R} \text{ componente di } \overline{OP_x} \text{ rispetto a } \overline{e_1}$$

Analogamente:

$$\overline{OP_y} = y \cdot \overline{e_2} \,, \text{ con } y \in \mathbb{R} \text{ componente di } \overline{OP_y} \text{ rispetto a } \overline{e_2}$$

$$\overline{OP_z} = z \cdot \overline{e_3} \,, \text{ con } z \in \mathbb{R} \text{ componente di } \overline{OP_z} \text{ rispetto a } \overline{e_3}$$

Segue che: $\quad \overline{OP} = x\,\overline{e_1} + y\,\overline{e_2} + z\,\overline{e_3} \quad$ dove (x, y, z) sono le

componenti di $\overline{OP}$ rispetto alla base $\{\overline{e_1}, \overline{e_2}, \overline{e_3}\}$

(Tale scrittura è unica)

Possiamo allora dire che:

ad ogni punto P dello spazio (ordinario) risulta univocamente

associata una terna di numeri reali (x, y, z), che

vengono chiamate COORDINATE CARTESIANE DI P

rispetto al RIFERIMENTO CARTESIANO ORTONORMALE $(O; \overline{e_1}, \overline{e_2}, \overline{e_3})$;

(Vale il viceversa) e usualmente si indica $P(x, y, z)$

L'insieme delle coordinate cartesiane di tutti i punti P dello spazio ordinario

viene detto SPAZIO (AFFINE) EUCLIDEO DI DIMENSIONE 3 e viene

indicato con E_3.

N.B. $\dim(E_3) \overset{\text{def}}{=} \dim(\mathbb{R}^3) = 3$, essendo $\mathbb{R}^3$ lo spazio vettoriale associato a E_3.

$\forall\ P, Q \in E_3$ con $P(x_P, y_P, z_P)$ e $Q(x_Q, y_Q, z_Q)$ è possibile

associare in modo univoco il vettore $\overline{PQ} = Q - P = (x_Q - x_P, y_Q - y_P, z_Q - z_P) \in \mathbb{R}^3$

dove $(x_Q - x_P, y_Q - y_P, z_Q - z_P) \overset{\text{def}}{=}$ (rappresentano) le componenti di $\overline{PQ}$ rispetto

alla base canonica $(\overline{e_1}, \overline{e_2}, \overline{e_3})$ di $\mathbb{R}^3$.

Nello spazio euclideo E_3 sia fissato un riferimento cartesiano ortonormale $(O, \bar{e}_1, \bar{e}_2, \bar{e}_3)$ e sia $\mathbb{R}^3$ lo spazio vettoriale associato.

Sia r una retta di E_3 e sia $P_0 \in E_3$; sia $\bar{u} = (\ell, m, n) \in \mathbb{R}^3$ un vettore appartenente alla retta r.

(È sufficiente che $\bar{u}$ sia complanare con r e parallelo ad r)

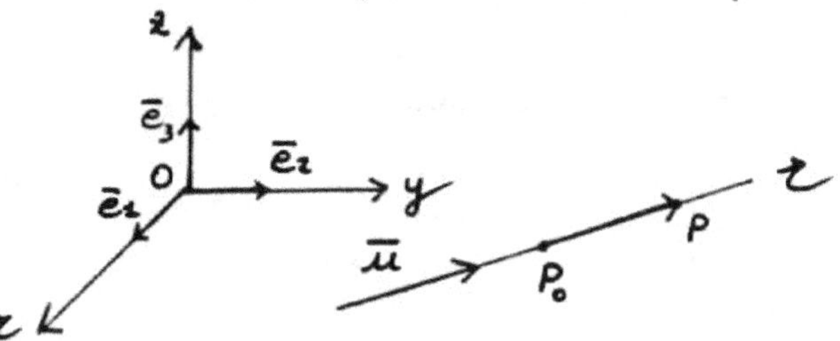

$\forall \, P \in E_3 \cap r$, il vettore $\overline{P_0 P}$ è parallelo a $\bar{u}$. Questo significa che $\overline{P_0 P}$ e $\bar{u}$ sono linearmente dipendenti:

$$\overline{P_0 P} = \alpha \cdot \bar{u}$$

$$P - P_0 = \alpha \, \bar{u}$$

$$P = P_0 + \alpha \, \bar{u}$$

$$\begin{cases} x = x_0 + \alpha \cdot \ell \\ y = y_0 + \alpha \cdot m \\ z = z_0 + \alpha \cdot n \end{cases} \qquad \text{con } \alpha \in \mathbb{R} \qquad (\alpha \text{ parametro reale})$$

Queste equazioni sono dette EQUAZIONI PARAMETRICHE DELLA RETTA r.

Supponendo che $\ell, m, n \neq 0$ ed eliminando il parametro reale α si ottiene:

$$\frac{x - x_0}{\ell} = \frac{y - y_0}{m} = \frac{z - z_0}{n}$$

Queste sono dette EQUAZIONI CARTESIANE DELLA RETTA r.

Sia π un piano di E_3 e sia $P_0 \in E_3$; siano $\bar{u} = (\ell, m, n)$ e $\bar{u}' = (\ell', m', n')$ due vettori del piano π linearmente indipendenti, quindi $\bar{u}$ e $\bar{u}'$ generano π.

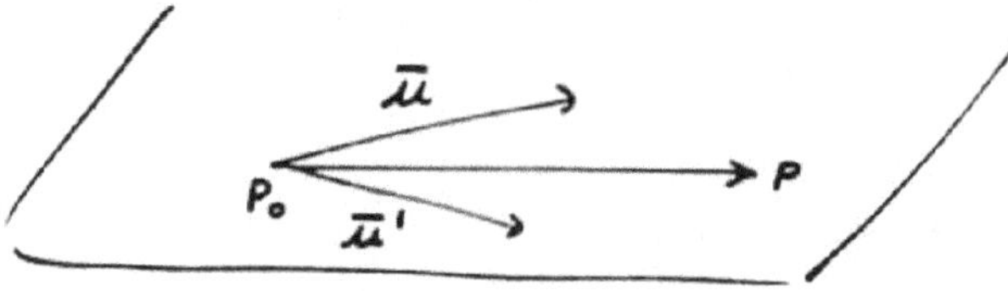

$\forall\, P \in E_3$ il vettore $\overline{P_0 P} \in \pi \wedge \mathbb{R}^3$ si può scrivere come combinazione lineare di $\bar{u}$ e $\bar{u}'$:

$$\overline{P_0 P} = t \cdot \bar{u} + t' \cdot \bar{u}'$$

$$P - P_0 = t \cdot \bar{u} + t' \cdot \bar{u}'$$

$$P = P_0 + t \cdot \bar{u} + t' \cdot \bar{u}'$$

$$\begin{cases} x = x_0 + t \cdot \ell + t' \cdot \ell' \\ y = y_0 + t\,m + t' \cdot m' \quad \text{con } t, t' \text{ parametri reali} \\ z = z_0 + t\,n + t' \cdot n' \end{cases}$$

Queste equazioni sono dette EQUAZIONI PARAMETRICHE DEL PIANO π.

<u>Eliminando</u>[*] i parametri $t, t' \in \mathbb{R}$ si perviene all' EQUAZIONE CARTESIANA DI π:

$$a x + b y + c z + d = 0 \quad \text{con } a, b, c, d \in \mathbb{R} \text{ tali che}$$

$$(a, b, c) \neq (0, 0, 0)$$

Il piano π contiene l'origine $O(0,0,0) \iff d = 0$

I piani (di equazioni) $x = 0,\ y = 0,\ z = 0$ si dicono PIANI COORDINATI e rispettivamente piano yz, piano xz, piano xy.

[*] Risolvendo il sistema rispetto a t e a t'.

Sia W il piano di $\mathbb{R}^3$ generato dai vettori $\bar{a}=(l_1,m_1,n_1)$ e $\bar{b}=(l_2,m_2,n_2)$ e sia $P_0 \in E_3$ di coordinate (x_0,y_0,z_0).

L'equazione del piano passante per P_0 e parallelo a W è data da:

$$\det \begin{bmatrix} x-x_0 & y-y_0 & z-z_0 \\ l_1 & m_1 & n_1 \\ l_2 & m_2 & n_2 \end{bmatrix} = 0$$

Sviluppando il determinante secondo la 1^a riga:

$$\pi : a(x-x_0) + b(y-y_0) + c(z-z_0) = 0$$

dove
$$a = \det \begin{bmatrix} m_1 & n_1 \\ m_2 & n_2 \end{bmatrix} \qquad b = -\det \begin{bmatrix} l_1 & n_1 \\ l_2 & n_2 \end{bmatrix} \qquad c = \det \begin{bmatrix} l_1 & m_1 \\ l_2 & m_2 \end{bmatrix}$$

Segue:

$$\pi : ax + by + cz - ax_0 - by_0 - cz_0 = 0$$

Ponendo $d \overset{df}{=} -ax_0 - by_0 - cz_0$ otteniamo l'equazione cartesiana del piano:

$$\pi : ax + by + cz + d = 0 .$$

π è parallelo a W ed è passante per P_0:

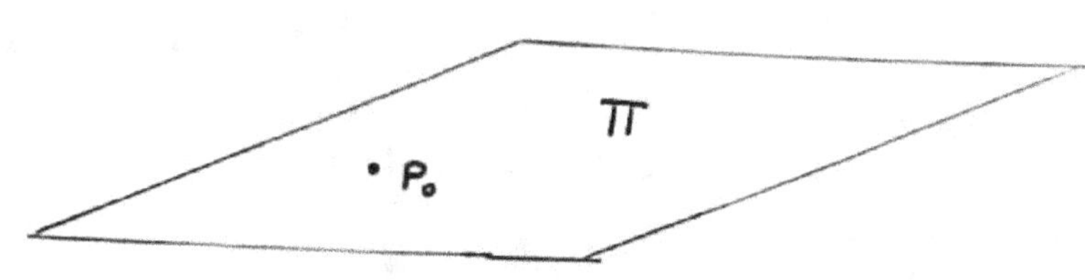

$\underline{Equazione\ cartesiana}$ del piano passante per 3 punti non allineati:

$$P_0(x_0, y_0, z_0)\ ,\quad P_1(x_1, y_1, z_1)\ ,\quad P_2(x_2, y_2, z_2)$$

$$\det \begin{bmatrix} x - x_0 & y - y_0 & z - z_0 \\ x_1 - x_0 & y_1 - y_0 & z_1 - z_0 \\ x_2 - x_0 & y_2 - y_0 & z_2 - z_0 \end{bmatrix} = 0$$

Ogni retta dello spazio euclideo E_3 può essere vista come intersezione di 2 piani; ciò significa che la retta r può essere definita mediante le equazioni cartesiane di 2 piani:

$$\begin{cases} a_1 x + b_1 y + c_1 z + d_1 = 0 \\ a_2 x + b_2 y + c_2 z + d_2 = 0 \end{cases}$$

La direzione di r è il sottospazio vettoriale di $\mathbb{R}^3$ di dimensione 1, definito dal sistema omogeneo:

$$\begin{cases} a_1 x + b_1 y + c_1 z = 0 \\ a_2 x + b_2 y + c_2 z = 0 \end{cases}$$

da ciò segue che il vettore della direzione di r è il vettore $\bar{v} = (\ell, m, n)$

dove $\ell = \det \begin{bmatrix} b_1 & c_1 \\ b_2 & c_2 \end{bmatrix}$, $m = -\det \begin{bmatrix} a_1 & c_1 \\ a_2 & c_2 \end{bmatrix}$, $n = \det \begin{bmatrix} a_1 & b_1 \\ a_2 & b_2 \end{bmatrix}$

PROPOSIZIONE 1

Siano $P_1: a_1 x + b_1 y + c_1 z + d_1 = 0$ e $P_2: a_2 x + b_2 y + c_2 z + d_2 = 0$ due piani di E_3
Allora:

1) $P_1 \parallel P_2 \iff \text{rg}\begin{pmatrix} a_1 & b_1 & c_1 \\ a_2 & b_2 & c_2 \end{pmatrix} = 1$ (Condizione di parallelismo piano-piano)

2) $P_1 \parallel P_2$ e disgiunti $\iff \text{rg}\begin{pmatrix} a_1 & b_1 & c_1 & d_1 \\ a_2 & b_2 & c_2 & d_2 \end{pmatrix} = 2$

3) $P_1 \parallel P_2$ e coincidenti $\iff \text{rg}\begin{pmatrix} a_1 & b_1 & c_1 & d_1 \\ a_2 & b_2 & c_2 & d_2 \end{pmatrix} = 1$

4) P_1 e P_2 sono incidenti e $P_1 \cap P_2$ è una retta $\iff \text{rg}\begin{pmatrix} a_1 & b_1 & c_1 \\ a_2 & b_2 & c_2 \end{pmatrix} = 2$

PROPOSIZIONE 2

Sia r una retta di equazioni cartesiane $\begin{cases} a_1 x + b_1 y + c_1 z + d_1 = 0 \\ a_2 x + b_2 y + c_2 z + d_2 = 0 \end{cases}$

e sia p un piano di equazione cartesiana: $a_3 x + b_3 y + c_3 z + d_3 = 0$

1) $r \parallel p \iff \det \begin{bmatrix} a_1 & b_1 & c_1 \\ a_2 & b_2 & c_2 \\ a_3 & b_3 & c_3 \end{bmatrix} = 0$ (Condizione di parallelismo retta - piano)

2) $r \parallel p$ e disgiunti $\iff \det \begin{bmatrix} a_1 & b_1 & c_1 \\ a_2 & b_2 & c_2 \\ a_3 & b_3 & c_3 \end{bmatrix} = 0$ e $\operatorname{rg} \begin{pmatrix} a_1 & b_1 & c_1 & d_1 \\ a_2 & b_2 & c_2 & d_2 \\ a_3 & b_3 & c_3 & d_3 \end{pmatrix} = 3$

3) $r \parallel p$ e coincidenti $\iff \det \begin{bmatrix} a_1 & b_1 & c_1 \\ a_2 & b_2 & c_2 \\ a_3 & b_3 & c_3 \end{bmatrix} = 0$ e $\operatorname{rg} \begin{pmatrix} a_1 & b_1 & c_1 & d_1 \\ a_2 & b_2 & c_2 & d_2 \\ a_3 & b_3 & c_3 & d_3 \end{pmatrix} = 2$

4) r e p sono incidenti, allora $r \cap p$ consiste in un solo punto.

Ciò avviene $\iff \det \begin{bmatrix} a_1 & b_1 & c_1 \\ a_2 & b_2 & c_2 \\ a_3 & b_3 & c_3 \end{bmatrix} \neq 0$

PROPOSIZIONE 3

Siano r_1 ed r_2 due rette di E_3. Supponiamo che r_1 abbia equazioni cartesiane

$\begin{cases} a_1 x + b_1 y + c_1 z + d_1 = 0 \\ a_1' x + b_1' y + c_1' z + d_1' = 0 \end{cases}$ ed r_2 di equazioni cartesiane $\begin{cases} a_2 x + b_2 y + c_2 z + d_2 = 0 \\ a_2' x + b_2' y + c_2' z + d_2' = 0 \end{cases}$

Sia $P_1(x_1, y_1, z_1) \in r_1$ e sia $P_2(x_2, y_2, z_2) \in r_2$; siano inoltre $\overline{v}_1 = (l_1, m_1, n_1)$ e $\overline{v}_2 = (l_2, m_2, n_2)$ i vettori direzione di r_1 e r_2.

Le seguenti condizioni sono equivalenti:

1) r_1 e r_2 sono complanari, cioè esiste un piano che le contiene entrambe.

2) $\det \begin{bmatrix} x_1 - x_2 & y_1 - y_2 & z_1 - z_2 \\ l_1 & m_1 & n_1 \\ l_2 & m_2 & n_2 \end{bmatrix} = 0$

3) $\det \begin{bmatrix} a_1 & b_1 & c_1 & d_1 \\ a_1' & b_1' & c_1' & d_1' \\ a_2 & b_2 & c_2 & d_2 \\ a_2' & b_2' & c_2' & d_2' \end{bmatrix} = 0$

Sia r una retta di E_3. L'insieme Φ dei piani di E_3 che contengono r si dice fascio proprio di piani ed r è detta asse del fascio.

Consideriamo due piani distinti P_1 e P_2 di Φ di equazioni rispettivamente:

$$P_1: \quad a_1 x + b_1 y + c_1 z + d_1 = 0$$
$$P_2: \quad a_2 x + b_2 y + c_2 z + d_2 = 0$$

Ogni piano appartenente a Φ ha equazione:

$$\lambda(a_1 x + b_1 y + c_1 z + d_1) + \mu(a_2 x + b_2 y + c_2 z + d_2) = 0$$

per opportuni $\lambda, \mu \in \mathbb{R}$ non entrambi nulli.

Supponendo $\lambda \neq 0$ e dividendo per λ, si ottiene:

$$a_1 x + b_1 y + c_1 z + d_1 + K(a_2 x + b_2 y + c_2 z + d_2) = 0 \qquad \text{con } K \overset{def}{=} \frac{\mu}{\lambda}$$

tenendo presente che il piano $P_2: a_2 x + b_2 y + c_2 z + d_2 = 0$ è l'unico elemento di Φ che non si può ottenere per nessun valore di K.

CONDIZIONE DI COMPLANARITA' DI 4 PUNTI di E_3

$$P_1(x_1, y_1, z_1) \quad P_2(x_2, y_2, z_2) \quad P_3(x_3, y_3, z_3) \quad P_4(x_4, y_4, z_4) \; : \; \det \begin{bmatrix} x_1 & y_1 & z_1 & 1 \\ x_2 & y_2 & z_2 & 1 \\ x_3 & y_3 & z_3 & 1 \\ x_4 & y_4 & z_4 & 1 \end{bmatrix} = 0$$

Per un generico punto $P(x, y, z)$ di E_3 la condizione di complanarità di $P(x, y, z)$, $P_1(x_1, y_1, z_1)$, $P_2(x_2, y_2, z_2)$, $P_3(x_3, y_3, z_3)$ si traduce con la determinazione dell'equazione cartesiana del piano passante per P_1, P_2, P_3:

$$\det \begin{bmatrix} x & y & z & 1 \\ x_1 & y_1 & z_1 & 1 \\ x_2 & y_2 & z_2 & 1 \\ x_3 & y_3 & z_3 & 1 \end{bmatrix} = 0$$

Sviluppando il determinante si ottiene l'equazione $ax + by + cz + d = 0$.

Per un fascio proprio di piani vale il seguente risultato:

x $ax+by+cz+d=0$, $a'x+b'y+c'z+d'=0$, $a''x+b''y+c''z+d''=0$

sono le equazioni di 3 piani distinti, ossi appartengono allo stesso fascio x e solo x:

$$\text{rg}\begin{bmatrix} a & b & c & d \\ a' & b' & c' & d' \\ a'' & b'' & c'' & d'' \end{bmatrix} \leqq 2$$

<u>Definizione</u>
Si chiama stella di piani la totalità dei piani di E_3 passanti per uno stesso punto, detto CENTRO DELLA STELLA.

<u>Proposizione</u>
Siano $a_1x+b_1y+c_1z+d_1=0$, $a_2x+b_2y+c_2z+d_2=0$, $a_3x+b_3y+c_3z+d_3=0$, $a_4x+b_4y+c_4z+d_4=0$ le equazioni di 4 piani distinti, condizione necessaria e sufficiente affinché appartengano ad una stessa stella è che:

$$\det\begin{bmatrix} a_1 & b_1 & c_1 & d_1 \\ a_2 & b_2 & c_2 & d_2 \\ a_3 & b_3 & c_3 & d_3 \\ a_4 & b_4 & c_4 & d_4 \end{bmatrix} = 0$$

<u>Equazione di una retta di E_3 passante per 2 punti</u> $P_1(x_1,y_1,z_1)$, $P_2(x_2,y_2,z_2)$:

- siano $x_1 \neq x_2$, $y_1 \neq y_2$, $z_1 \neq z_2$

$$\frac{x-x_1}{x_2-x_1} = \frac{y-y_1}{y_2-y_1} = \frac{z-z_1}{z_2-z_1}$$

- x $x_1=x_2$ e $y_1=y_2$ e $z_1 \neq z_2$, la retta ha equazioni: $\begin{cases} x=x_1 \\ y=y_1 \end{cases}$

- x $x_1=x_2$ e $y_1 \neq y_2$ e $z_1 \neq z_2$, la retta ha le seguenti equazioni:

$$\begin{cases} x=x_1 \\ \dfrac{y-y_1}{y_2-y_1} = \dfrac{z-z_1}{z_2-z_1} \end{cases}$$

Equazione di una retta di E_3, passante per $P_0(x_0, y_0, z_0)$ e parallela al vettore $\overline{v} = (l, m, n)$ con $l \neq 0$, $m \neq 0$, $n \neq 0$:

$$\frac{x-x_0}{l} = \frac{y-y_0}{m} = \frac{z-z_0}{n}$$

Una retta dello spazio E_3 può essere considerata, oltre che congiungente di 2 punti, come intersezione di 2 piani, quindi può essere rappresentata da un sistema del tipo:

$$\begin{cases} ax + by + cz + d = 0 \\ a'x + b'y + c'z + d' = 0 \end{cases}$$

DISTANZA DI DUE PUNTI

Siano $P_1(x_1, y_1, z_1)$ $P_2(x_2, y_2, z_2)$ due punti di E_3; la distanza di P_1 e P_2 è data da:

$$P_1 P_2 = \sqrt{(x_1 - x_2)^2 + (y_1 - y_2)^2 + (z_1 - z_2)^2}$$

DISTANZA DI UN PUNTO DA UN PIANO

Sia $P_0(x_0, y_0, z_0) \in E_3$ e sia $\pi: ax + by + cz + d = 0$ un piano di E_3,

$$d(P_0; \pi) = \frac{|ax_0 + by_0 + cz_0 + d|}{\sqrt{a^2 + b^2 + c^2}}$$

Nel caso in cui $P_0 \equiv O$:

$$d(O; \pi) = \frac{|d|}{\sqrt{a^2 + b^2 + c^2}}$$

AREA DEL TRIANGOLO avente per vertici i punti $P_1(x_1, y_1, z_1)$, $P_2(x_2, y_2, z_2)$ $P_3(x_3, y_3, z_3)$:

$$A = \frac{1}{2} \sqrt{\left\{\det\begin{bmatrix} y_1 & z_1 & 1 \\ y_2 & z_2 & 1 \\ y_3 & z_3 & 1 \end{bmatrix}\right\}^2 + \left\{\det\begin{bmatrix} z_1 & x_1 & 1 \\ z_2 & x_2 & 1 \\ z_3 & x_3 & 1 \end{bmatrix}\right\}^2 + \left\{\det\begin{bmatrix} x_1 & y_1 & 1 \\ x_2 & y_2 & 1 \\ x_3 & y_3 & 1 \end{bmatrix}\right\}^2}$$

<u>ESERCIZIO 1</u>

Determinare l'equazione del piano contenente la retta r di equazioni:

$$x = 2y+1 = -z$$

e normale al piano $x+y=0$

a) Scrivo l'eq. del fascio dei piani contenente la retta r:

$$r: \begin{cases} x + z = 0 \\ x = 2y+1 \end{cases}$$

$$\begin{cases} x + z = 0 \\ x - 2y - 1 = 0 \end{cases}$$

$$\phi: \quad x+z+K(x-2y-1)=0 \quad, \quad \text{con } K \in \mathbb{R}$$

$$x+z+Kx-2Ky-K=0$$

$$(1+K)x - 2Ky + z - K = 0$$

CONDIZIONE DI PERPENDICOLARITA' TRA 2 PIANI:

$$\Pi_1: a_1 x + b_1 y + c_1 z + d_1 = 0$$

$$\Pi_2: a_2 x + b_2 y + c_2 z + d_2 = 0$$

$$\Pi_1 \perp \Pi_2 \quad \Longleftrightarrow \quad a_1 a_2 + b_1 b_2 + c_1 \cdot c_2 = 0$$

Nel nostro caso la perpendicolarità tra piani, si traduce:

$$(1+K)\cdot 1 - 2K \cdot 1 + 1 \cdot 0 = 0$$

$$1 + K - 2K = 0$$

$$K = 1$$

Il piano cercato ha equazione:

$$2x - 2y + z - 1 = 0$$

<u>Esercizio 2</u>

Determinare il piano passante per $A(1,0,2)$ e parallelo alla retta r' di equazione $x=y=z$ e alla retta r'' di equazioni $\begin{cases} x+3y=0 \\ x-y+z-1=0 \end{cases}$

$$\pi: \ ax+by+cz+d=0$$

$$A \in \pi: \quad a\cdot 1 + b\cdot 0 + 2c + d = 0$$

$$a + 2c + d = 0$$

$$r': \begin{cases} x=y \\ y=z \end{cases}$$

$$\begin{cases} x-y=0 \\ y-z=0 \end{cases}$$

$$\pi \parallel r' \iff \det \begin{bmatrix} a & b & c \\ 1 & -1 & 0 \\ 0 & 1 & -1 \end{bmatrix} = 0$$

$$\pi \parallel r'' \iff \det \begin{bmatrix} a & b & c \\ 1 & 3 & 0 \\ 1 & -1 & 1 \end{bmatrix} = 0$$

$$\det \begin{bmatrix} a & b & c \\ 1 & -1 & 0 \\ 0 & 1 & -1 \end{bmatrix} = 0$$

$$a\cdot(1-0) - b(-1-0) + c(1-0) = 0$$

$$a + b + c = 0$$

$$\det \begin{bmatrix} a & b & c \\ 1 & 3 & 0 \\ 1 & -1 & 1 \end{bmatrix} = 0$$

$$a(3-0) - b(1-0) + c(-1-3) = 0$$

$$3a - b - 4c = 0$$

Risolviamo il sistema: $\begin{cases} a + 2c + d = 0 \\ a + b + c = 0 \\ 3a - b - 4c = 0 \end{cases}$

$$\begin{cases} a = -2c - d \\ -2c - d + b + c = 0 \\ 3(-2c - d) - b - 4c = 0 \end{cases}$$

$$\begin{cases} a = -2c - d \\ -c - d + b = 0 \\ -6c - 3d - b - 4c = 0 \end{cases}$$

$$\begin{cases} a = -2c - d \\ b = c + d \\ -10c - 3d - b = 0 \end{cases}$$

$$\begin{cases} a = -2c - d \\ b = c + d \\ 10c + 3d + c + d = 0 \end{cases}$$

$$\begin{cases} a = -2c - d \\ b = c + d \\ 11c + 4d = 0 \end{cases}$$

$$\begin{cases} a = -2c - d \\ b = c + d \\ c = -\dfrac{4}{11}d \end{cases}$$

$$\begin{cases} a = +\dfrac{8}{11}d - d = \dfrac{8 - 11}{11}d = -\dfrac{3}{11}d \\ b = -\dfrac{4}{11}d + d = \dfrac{-4 + 11}{11}d = \dfrac{7}{11}d \\ c = -\dfrac{4}{11}d \end{cases}$$

Il piano ha equazione:

$$-\frac{3d}{11}x + \frac{7}{11}dy - \frac{4}{11}dz + d = 0 \qquad (d \neq 0)$$

$$\boxed{3x - 7y + 4z - 11 = 0}$$

Esercizio 3

Determinare la distanza del punto $A(1, 0, 2)$ dalla retta di equazioni

$$\begin{cases} x = y - 2 \\ z = 3 \end{cases}$$

Metodo

1) Scrivo l'equazione del piano $\overline{\pi}$ passante per A, $\perp$ alla retta r

2) Determino il punto N, intersezione di $\overline{\pi}$ con r

3) Calcolo la distanza AN (distanza di A dalla retta r)

Svolgimento

1) Scrivo la retta in forma parametrica: $r: \begin{cases} x = t - 2 \\ y = t \\ z = 3 \end{cases}$, $t \in \mathbb{R}$.

La retta $r \parallel \overline{v} = (1, 1, 0)$, quindi $\overline{v} \perp \overline{\pi}$.

Segue allora che $\overline{\pi}: x + y + d = 0$

$$\left[\text{Sia } \pi: ax + by + cz + d \text{ e sia } \overline{v} = (\alpha, \beta, \gamma); \quad \pi \perp \overline{v} \iff a = \alpha,\ b = \beta,\ c = \gamma \right]$$

Per determinare $d \in \mathbb{R}$, impongo la condizione di appartenenza $A \in \overline{\pi}$:

$$1 + 0 + d = 0 \quad \iff \quad d = -1$$

Segue allora che: $\overline{\pi}: x + y - 1 = 0$

2) Determino il punto N come intersezione di $\overline{\pi}$ e r :

$$\begin{cases} x = t - 2 \\ y = t \\ z = 3 \\ x + y - 1 = 0 \end{cases}$$

$$\begin{cases} x = t - 2 \\ y = t \\ z = 3 \\ t - 2 + t - 1 = 0 \end{cases}$$

$$\begin{cases} x = t - 2 \\ y = t \\ z = 3 \\ t = \dfrac{3}{2} \end{cases}$$

$$\begin{cases} x = \dfrac{3}{2} - 2 = -\dfrac{1}{2} \\ y = \dfrac{3}{2} \\ z = 3 \end{cases} \qquad N\left(-\dfrac{1}{2}; \dfrac{3}{2}; 3\right)$$

3) $\ AN = \sqrt{\left(1 + \dfrac{1}{2}\right)^2 + \left(0 - \dfrac{3}{2}\right)^2 + \left(2 - 3\right)^2} = \sqrt{\dfrac{9}{4} + \dfrac{9}{4} + 1} = \sqrt{\dfrac{22}{4}} = \dfrac{\sqrt{22}}{2}$

<u>Esercizio 4</u>

Determinare l'equazione della retta s passante per $A(3,-1,2)$ e parallela alla retta r
di equazioni $\begin{cases} x-y-1=0 \\ z-2=0 \end{cases}$

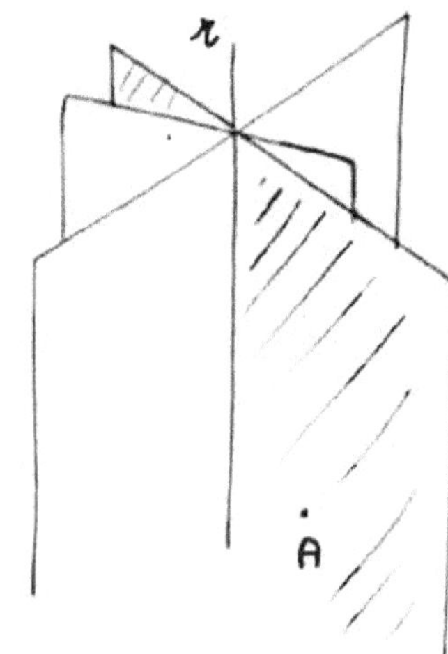

<u>Svolgimento</u>

Scrivo le eq. parametriche di r:

$$\begin{cases} x=y+1 \\ z=2 \end{cases}$$

$$\begin{cases} x=\eta+1 \\ y=\eta \\ z=2 \end{cases} \qquad \bar{r} \parallel \bar{v}=(1,1,0)$$

Scrivo l'equazione del fascio di piani aventi in comune la retta r:

$$\lambda(x-y-1)+\mu(z-2)=0 \qquad \text{con } \lambda,\mu \in \mathbb{R}$$

Determiniamo l'equazione del piano appartenente al fascio passante per A

$$\lambda(3+1-1)+\mu(2-2)=0$$

$$3\lambda=0$$

$$\lambda=0$$

Il piano cercato ha equazione $\pi: z-2=0$ $\quad$ (per $\lambda=0$)

Scrivo l'equazione della generica retta passante per A, che indico con s:

$$\begin{cases} x=3+\ell t \\ y=-1+mt \\ z=2+nt \end{cases} \qquad \text{essendo } \bar{u}=(\ell,m,n) \parallel s .$$

La retta $s \in \pi$ $\iff$ $(2+nt)-2=0$

$$n\cdot t=0 \quad (\forall t \in \mathbb{R})$$

$$n=0$$

L'equazione della generica retta appartenente al piano Π e passante per A ha equazioni:

$$\begin{cases} x = 3 + \ell t \\ y = -1 + m t \\ z = 2 \end{cases} \qquad s \parallel \bar{u} = (\ell, m, 0)$$

Imponiamo ora la condizione di parallelismo tra r ed s.

Le due rette r, s (complanari) sono parallele $\Longleftrightarrow \bar{u} = \rho \cdot \bar{v}$ con $\rho \in \mathbb{R}$ costante di proporzionalità:

$$(\ell, m, 0) = \rho \, (1, 1, 0)$$

$$\begin{cases} \ell = \rho \\ m = \rho \end{cases}$$

Ponendo $\rho = 1$, segue:

$$\begin{cases} \ell = 1 \\ m = 1 \end{cases}$$

$$\begin{cases} x = 3 + t \\ y = -1 + t \\ z = 2 \end{cases}, \quad t \in \mathbb{R}$$

Equazioni cartesiane della retta:

$$\begin{cases} x - 3 = y + 1 \\ z = 2 \end{cases}$$

$$\begin{cases} x - y - 4 = 0 \\ z = 2 \end{cases}$$

Esercizio 5

Date le rette $r: \begin{cases} x - y + 2z - 1 = 0 \\ 2x - y + z - 1 = 0 \end{cases}$ ed $s: \begin{cases} x = y - 1 \\ z = 1 \end{cases}$

verificare se sono complanari e in tale ipotesi determinare l'equazione del piano che le contiene e il loro punto di intersezione.

Svolgimento

r ed r' sono complanari se e solo se $\det \begin{bmatrix} 1 & -1 & 2 & -1 \\ 2 & -1 & 1 & -1 \\ 1 & -1 & 0 & 1 \\ 0 & 0 & 1 & -1 \end{bmatrix} = 0$

avendo scritto le equazioni di $s: \begin{cases} x - y + 1 = 0 \\ z - 1 = 0 \end{cases}$

$$\det \begin{bmatrix} 1 & -1 & 2 & -1 \\ 2 & -1 & 1 & -1 \\ 1 & -1 & 0 & 1 \\ 0 & 0 & 1 & -1 \end{bmatrix} = (-1)^{4+3} \cdot (1) \cdot \det \begin{bmatrix} 1 & -1 & -1 \\ 2 & -1 & -1 \\ 1 & -1 & 1 \end{bmatrix} + (-1)^{4+4} \cdot (-1) \cdot \det \begin{bmatrix} 1 & -1 & 2 \\ 2 & -1 & 1 \\ 1 & -1 & 0 \end{bmatrix} =$$

$$= -\left[(-1+1+2)-(1+1-2)\right] - \left[(0-1-4)-(-2-1)\right] = -2+2 = 0$$

$\det \begin{bmatrix} 1 & -1 & -1 \\ 2 & -1 & -1 \\ 1 & -1 & 1 \end{bmatrix} \xrightarrow{\text{Regola di Sarrus}}$

$\det \begin{bmatrix} 1 & -1 & 2 \\ 2 & -1 & 1 \\ 1 & -1 & 0 \end{bmatrix} \xrightarrow{\text{Regola di Sarrus}}$

Quindi r ed s sono <u>complanari</u>.

Determino il punto di intersezione delle 2 rette:

$\begin{cases} x - y + 2z - 1 = 0 \\ 2x - y + z - 1 = 0 \\ x = y - 1 \\ z = 1 \end{cases}$; $\begin{cases} y - 1 - y + 2 - 1 = 0 \\ 2(y-1) - y + 1 - 1 = 0 \\ x = y - 1 \\ z = 1 \end{cases}$; $\begin{cases} 0 = 0 \quad (\text{identità}) \\ 2y - 2 - y + 1 - 1 = 0 \\ x = y - 1 \\ z = 1 \end{cases}$; $\begin{cases} y = 2 \\ x = 1 \\ z = 1 \end{cases}$

Il punto di intersezione è $P(1,2,1)$

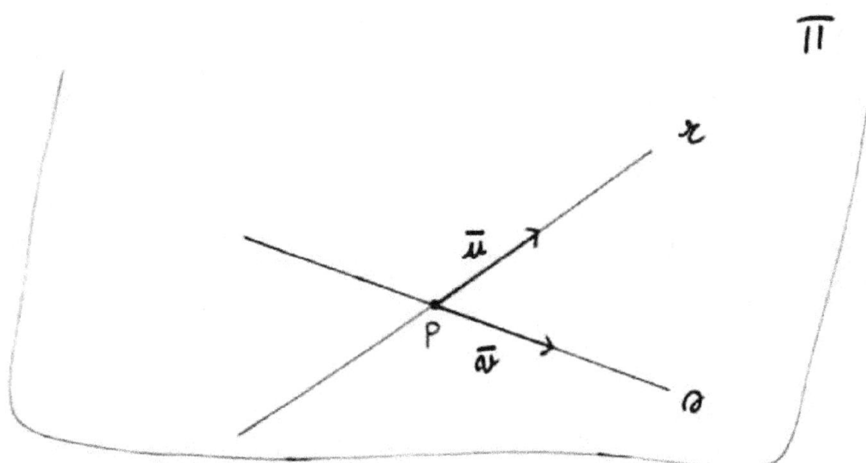

Determino il vettore $\bar{u}$ parallelo a r:

$$\begin{cases} x - y + 2z - 1 = 0 \\ 2x - y + z - 1 = 0 \end{cases}$$

F
$$\begin{cases} x = y - 2z + 1 \\ 2(y - 2z + 1) - y + z - 1 = 0 \end{cases}$$

$$\begin{cases} x = y - 2z - 1 \\ 2y - 4z + 2 - y + z - 1 = 0 \end{cases}$$

E
$$\begin{cases} x = y - 2z - 1 \\ y - 3z + 1 = 0 \end{cases}$$

$$\begin{cases} x = y - 2z - 1 \\ y = 3z - 1 \end{cases}$$

$$\begin{cases} x = 3z - 1 - 2z - 1 \\ y = 3z - 1 \end{cases}$$

$$\begin{cases} x = z - 2 \\ y = 3z - 1 \end{cases}$$

$$\begin{cases} x = t - 2 \\ y = 3t - 1 \\ z = t \end{cases}$$

Segue che $r \parallel \bar{u} = (1, 3, 1)$

Determino il vettore $\bar{v}$ parallelo a s:

$$\begin{cases} x = y - 1 \\ z = 1 \end{cases}$$

$$\begin{cases} x = k - 1 \\ y = k \\ z = 1 \end{cases}$$

Segue che $s \parallel \bar{v} = (1, 1, 0)$

Equazioni parametriche del piano π generato da $\{\bar{u}, \bar{v}\}$ e passante per P

$$\begin{bmatrix} x \\ y \\ z \end{bmatrix} = \lambda_1 \begin{bmatrix} 1 \\ 3 \\ 1 \end{bmatrix} + \lambda_2 \begin{bmatrix} 1 \\ 1 \\ 0 \end{bmatrix} + \begin{bmatrix} 1 \\ 2 \\ 1 \end{bmatrix}$$

$$\begin{cases} x = \lambda_1 + \lambda_2 + 1 \\ y = 3\lambda_1 + \lambda_2 + 2 \\ z = \lambda_1 + 1 \end{cases} \quad ; \quad \begin{cases} \lambda_2 = x - \lambda_1 - 1 \\ \lambda_1 = z - 1 \\ y = 3\lambda_1 + \lambda_2 + 2 \end{cases} \quad ; \quad \begin{cases} \lambda_2 = x - z + 1 - 1 \\ \lambda_1 = z - 1 \\ y = 3(z-1) + (x-z) + 2 \end{cases}$$

$$\begin{cases} \lambda_1 = z - 1 \\ \lambda_2 = x - z \\ y = 3z - 3 + x - z + 2 \end{cases}$$

$$\begin{cases} \lambda_1 = z - 1 \\ \lambda_2 = x - z \\ x - y + 2z - 1 = 0 \end{cases}$$

Il piano π ha equazione cartesiana: $x - y + 2z - 1 = 0$

<u>ESERCIZIO 6</u>

Data la retta r di equazioni $\begin{cases} y = 1 \\ z = 2x + 1 \end{cases}$ e il punto $P(2, 1, 2)$, trovare

l'equazione della retta m uscente da P e ortogonale a r.

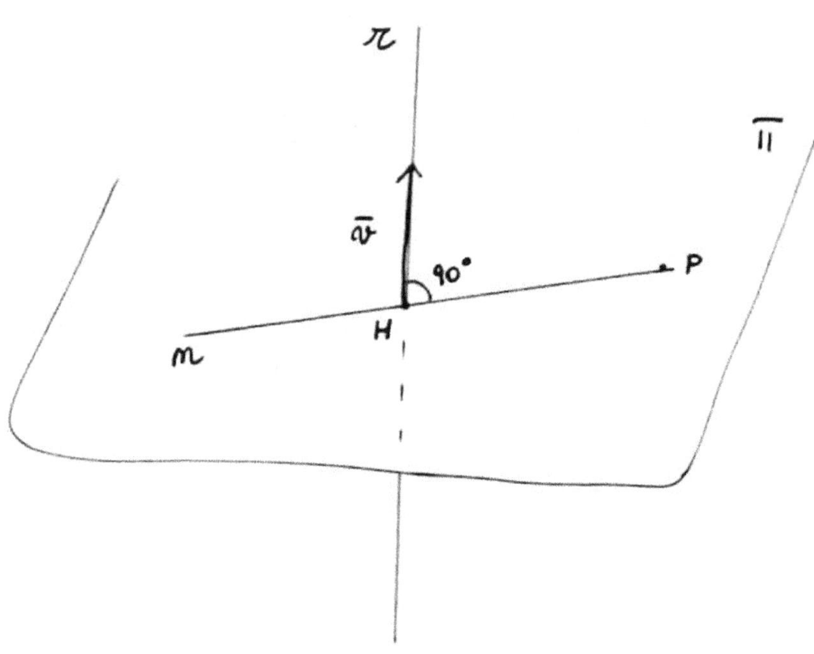

<u>Svolgimento</u>

Scriviamo l'equazione perpendicolare a r e passante per P:

① si individua il vettore $\overline{v}$ parallelo a r, parametrizzando la retta r:

$$\begin{cases} x = t \\ y = 1 \\ z = 2t + 1 \end{cases}, \quad t \in \mathbb{R}$$

Il vettore $\overline{v} = (1, 0, 2)$

② Scrivo l'equazione del piano $\overline{\Pi}$ perpendicolare a $\overline{v}$ (quindi alla retta r)

$$\Pi : \quad x + 0y + 2z + d = 0$$

$$x + 2z + d = 0$$

$$P \in \overline{\Pi} \iff 2 + 2 \cdot 2 + d = 0 \qquad d = -6$$

L'equazione cartesiana di Π: $x + 2z - 6 = 0$

③ Determino il punto di intersezione tra Π e la retta r:

$$\begin{cases} x + 2z - 6 = 0 \\ x = t \\ y = 1 \\ z = 2t + 1 \end{cases}$$

$$\begin{cases} t + 2(2t + 1) - 6 = 0 \\ x = t \\ y = 1 \\ z = 2t + 1 \end{cases}$$

$$\begin{cases} t + 4t + 2 - 6 = 0 \\ x = t \\ y = 1 \\ z = 2t + 1 \end{cases}$$

$$\begin{cases} 5t - 4 = 0 \\ x = t \\ y = 1 \\ z = 2t + 1 \end{cases}$$

$$\begin{cases} t = \dfrac{4}{5} \\ x = \dfrac{4}{5} \\ y = 1 \\ z = 2 \cdot \dfrac{4}{5} + 1 = \dfrac{8}{5} + 1 = \dfrac{13}{5} \end{cases}$$

$$H\left(\frac{4}{5}, 1, \frac{13}{5}\right)$$

4) La retta cercata r è la retta passante per P e H:

sia $\bar{u} = PH = \left(\dfrac{4}{5} - 2,\ 1 - 1,\ \dfrac{13}{5} - 2\right) = \left(-\dfrac{6}{5},\ 0,\ \dfrac{3}{5}\right)$

La retta r parallela al vettore $\bar{u}$ e passante per P ha equazioni:

$$\begin{cases} x = 2 + \left(-\dfrac{6}{5}\lambda\right) \\[2mm] y = 1 + 0\cdot\lambda \qquad \text{con } \lambda \in \mathbb{R} \\[2mm] z = 2 + \dfrac{3}{5}\lambda \end{cases}$$

$$\begin{cases} 5x = 10 - 6\lambda \\[2mm] y = 1 \\[2mm] 5z = 10 + 3\lambda \end{cases}$$

$$\begin{cases} 6\lambda = -5x + 10 \\[2mm] y = 1 \\[2mm] 5z = 10 + 3\lambda \end{cases}$$

$$\begin{cases} \lambda = -\dfrac{5}{6}x + \dfrac{5}{3} \\[2mm] y = 1 \\[2mm] 5z = 10 + 3\left(-\dfrac{5}{6}x + \dfrac{5}{3}\right) \end{cases}$$

$$\begin{cases} \lambda = -\dfrac{5}{6}x + \dfrac{5}{3} \\[2mm] y = 1 \\[2mm] 5z = 10 - \dfrac{5}{2}x + 5 \end{cases}$$

$$\begin{cases} \lambda = -\dfrac{5}{6}x + \dfrac{5}{3} \\[2mm] y = 1 \\[2mm] z = 3 - \dfrac{1}{2}x \end{cases}$$

La retta n ha equazioni cartesiane:

$$\begin{cases} x + 2z - 6 = 0 \\ y - 1 = 0 \end{cases}$$

Esercizio 7

Trovare la distanza minima tra le 2 rette:

$$r: \begin{cases} x = 2z \\ y = -2 \end{cases} \qquad s: \begin{cases} x = 2 \\ y = 2 \end{cases}$$

Svolgimento

Troviamo l'equazione del fascio di piani di asse r e di tale fascio determiniamo l'equazione del piano α parallelo a s. La distanza da α di un generico punto P della retta s, è la distanza minima tra r, s

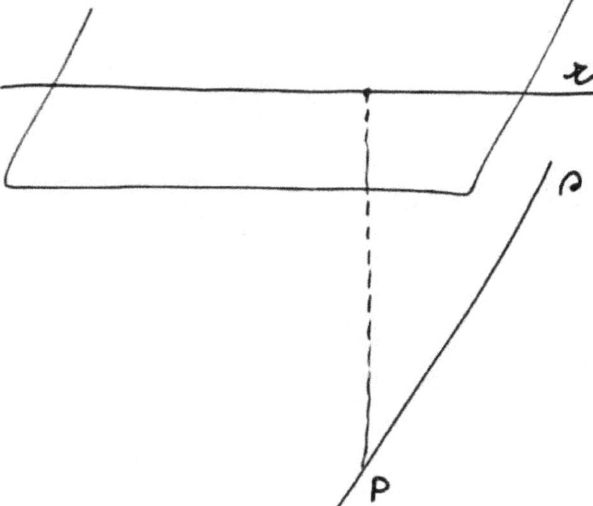

$$r: \begin{cases} x - 2z = 0 \\ y + 2 = 0 \end{cases}$$

il fascio di piani di asse r ha equazione:

$$\pi: \quad \lambda(x - 2z) + \mu(y + 2) = 0$$

$$\lambda x - 2\lambda z + \mu y + 2\mu = 0$$

$$\lambda x + \mu y - 2\lambda z + 2\mu = 0$$

La condizione di parallelismo tra π ed s: $\begin{cases} x - 2 = 0 \\ y - 2 = 0 \end{cases}$

$$\det \begin{bmatrix} \lambda & \mu & -2\lambda \\ 1 & 0 & 0 \\ 0 & 1 & 0 \end{bmatrix} = 0$$

$$(-1)^{2+1} \cdot \det \begin{bmatrix} \mu & -2\lambda \\ 1 & 0 \end{bmatrix} = 0$$

$$2\lambda = 0$$

$$\lambda = 0 \qquad \forall \, \mu \in \mathbb{R}$$

Il piano α di π parallelo a s ha equazione:

$$\alpha: \quad \mu(y + 2) = 0$$

$$\boxed{\alpha: \quad y + 2 = 0}$$

Sia $P(2, 2, 0) \in s$ (P è scelto in modo arbitrario)

$$d_{min} = d(P, \alpha) = \frac{|2 + 2|}{\sqrt{0^2 + 1^2 + 0^2}} = 4$$

Esercizio 8

Trovare i piani paralleli alla retta r di equazioni $\begin{cases} x = 2y \\ z = 0 \end{cases}$

e perpendicolari al piano α di equazione $2x + z = 0$ e distanti 1

da $P(0,0,2)$.

Svolgimento

Sia $\Pi: ax + by + cz + d = 0$ l'equazione del generico piano.

Tale piano è parallelo a $r: \begin{cases} x - 2y = 0 \\ z = 0 \end{cases}$ $\Leftrightarrow$ e solo $\Leftrightarrow$

$$\det \begin{bmatrix} a & b & c \\ 1 & -2 & 0 \\ 0 & 0 & 1 \end{bmatrix} = 0$$

$$-2a - b = 0$$

$$2a + b = 0$$

$$\boxed{b = -2a}$$

Quindi $\quad \Pi: ax - 2ay + cz + d = 0$

Il piano Π è perpendicolare al piano $\alpha: 2x + z = 0$ $\Longleftrightarrow$

$$(a, -2a, c) \cdot (2, 0, 1) = 0$$

$$2a + c = 0$$

$$\boxed{c = -2a}$$

Quindi π: $\quad ax - 2ay - 2az + d = 0$

Imponiamo ora che $d(P, \pi) = 1$

$$\frac{|-4a + d|}{\sqrt{a^2 + 4a^2 + 4a^2}} = 1$$

$$\frac{|-4a + d|}{\sqrt{9a^2}} = 1$$

$$|-4a + d| = |3a|$$

$\oplus \qquad -4a + d = 3a \qquad \longrightarrow \boxed{d = 7a}$

$\ominus \qquad -4a + d = -3a \qquad \longrightarrow \boxed{d = a}$

I piani cercati hanno equazioni:

α_1: $\quad ax - 2ay - 2az + 7a = 0 \qquad (a \neq 0)$

$$\boxed{x - 2y - 2z + 7 = 0}$$

α_2: $\quad ax - 2ay - 2az + a = 0 \qquad (a \neq 0)$

$$\boxed{x - 2y - 2z + 1 = 0}$$

Appunti a cura del prof. MAORET MICHELE